The World Heritage

世界遺産 Q&A

― 世界遺産の基礎知識 ―

2001改訂版

《 目　　次 》

■世界遺産Q&A

- Q001　世界遺産とは……………………………………………………………………6
- Q002　いま何故に世界遺産なのですか………………………………………………7
- Q003　ユネスコ（UNESCO）とは……………………………………………………8
- Q004　国際連合の組織とユネスコの位置づけ………………………………………9
- Q005　世界遺産の数　グラフで見ると………………………………………………10
- Q006　世界遺産は，どのように分布していますか…………………………………12
- Q007　世界遺産条約（The World Heritage Convention）とは……………………14
- Q008　世界遺産条約を締約している国と現在の世界遺産の数は…………………15
- Q009　世界遺産リスト（The World Heritage List）とは…………………………19
- Q010　自然遺産とは……………………………………………………………………20
- Q011　文化遺産とは……………………………………………………………………22
- Q012　文化的景観とは…………………………………………………………………26
- Q013　複合遺産とは……………………………………………………………………28
- Q014　危機にさらされている世界遺産リストとは…………………………………30
- Q015　危機にさらされている世界遺産リストへの登録基準とは…………………32
- Q016　世界遺産の潜在危険とは………………………………………………………33
- Q017　危機にさらされている世界遺産の分布は……………………………………34
- Q018　20世紀以降の人類の戦争や地域紛争とは……………………………………36
- Q019　世界遺産委員会とは……………………………………………………………38
- Q020　世界遺産委員会のこれまでの開催歴と登録物件数は………………………40
- Q021　世界遺産委員会のこれまでの開催都市は……………………………………42
- Q022　ユネスコ世界遺産センターとは………………………………………………44
- Q023　世界遺産委員会ビューロー会議とは…………………………………………45
- Q024　Operational Guidelinesとは……………………………………………………46
- Q025　世界遺産への登録要件とは……………………………………………………48
- Q026　顕著な普遍的価値とは…………………………………………………………49
- Q027　世界遺産の登録基準とは………………………………………………………50
- Q028　自然遺産の4つの登録基準とは………………………………………………51
- Q029　文化遺産の6つの登録基準とは………………………………………………52
- Q030　世界遺産への登録手順は………………………………………………………54
- Q031　世界遺産推薦の書式と内容は…………………………………………………55
- Q032　世界遺産の登録範囲について説明して下さい………………………………56
- Q033　白神山地の場合，核心地域と緩衝地域は，どのようになっていますか…56
- Q034　白神山地の世界遺産地域管理計画について説明して下さい………………57
- Q035　屋久島の世界遺産地域管理計画について説明して下さい…………………57
- Q036　原爆ドームは，どのようなプロセスで世界遺産化されましたか…………58
- Q037　世界遺産化のタイム・テーブルは……………………………………………60
- Q038　世界遺産とNGOとの関わりは…………………………………………………62
- Q039　ICOMOSとは，どのような機関ですか………………………………………62
- Q040　IUCNとは，どのような機関ですか…………………………………………63
- Q041　ICCROMとは，どのような機関ですか………………………………………63
- Q042　WHINとは，どのようなネットワークですか………………………………64
- Q043　UNEP WCMCとは，どのような機関ですか…………………………………64
- Q044　OWHCとは，どのような機構ですか…………………………………………65
- Q045　各国からの推薦物件はすべて世界遺産委員会に推薦されるのですか……66
- Q046　世界遺産に登録されると未来永劫なものですか……………………………67
- Q047　世界遺産基金とは………………………………………………………………68
- Q048　世界遺産基金からの国際援助の種類は………………………………………69
- Q049　世界遺産化に向けての資料整備のチェック・ポイントは…………………71
- Q050　世界遺産の保全状況の監視（モニタリング）とは…………………………72
- Q051　世界遺産条約締約国の義務は…………………………………………………73

目　次

Q052	ユネスコの世界遺産は，日本には，いくつありますか	74
Q053	日本の世界遺産はどこにありますか	75
Q054	日本の世界遺産と登録基準が同じ物件は	76
Q055	日本政府が推薦している暫定リストに記載されている物件は	78
Q056	暫定リスト（Tentative List）の推薦書式は	79
Q057	世界遺産化への可能性についてのチェック・ポイントは	80
Q058	世界遺産化による地域波及効果は	81
Q059	世界遺産の産業への波及効果は	82
Q060	世界遺産化によって観光客はどのように増えていますか	83
Q061	世界遺産をいかに国土づくりに生かしていくべきですか	84
Q062	世界遺産をいかに地域づくりに生かしていくべきですか	84
Q063	世界遺産は時代を超越している	85
Q064	世界遺産リストに登録されている近代遺産は	86
Q065	世界遺産はボーダーレスなものですか	87
Q066	世界遺産学とは	88
Q067	自然遺産をタイプ別に分類してみるとどのようになりますか	89
Q068	文化遺産をタイプ別に分類してみるとどのようになりますか	90
Q069	世界遺産の歴史的な位置づけを例示してみると	92
Q070	人類の負の遺産と言われる世界遺産とは	94
Q071	歴史上の人物とゆかりのある世界遺産は	96
Q072	環境省の組織は，どのようになっていますか	98
Q073	文化庁の組織は，どのようになっていますか	99
Q074	わが国の自然環境保全に関する法制度は	100
Q075	自然環境保全法とは，どのような法律ですか	101
Q076	自然公園法とは，どのような法律ですか	101
Q077	鳥獣保護及狩猟ニ関スル法律（略称　鳥類保護法）とは	101
Q078	中央環境審議会では，どのようなことを審議しますか	101
Q079	わが国の国立公園・国定公園の指定地域は	102
Q080	わが国の原生自然環境保全地域・自然環境保全地域・国設鳥獣保護区は	103
Q081	文化財保護法とは，どのような法律ですか	104
Q082	文化審議会では，どのようなことを審議しますか	104
Q083	わが国の文化財の分類はどのようになっていますか	105
Q084	わが国の国宝・重要文化財《建造物》は	106
Q085	史跡・名勝・天然記念物，重要伝統的建造物群保存地区は	107
Q086	わが国の環境行政の主な動きは	108
Q087	わが国の文化行政の主な動きは	108
Q088	わが国の世界遺産保護に係る国際協力とは	109
Q089	わが国の世界遺産関連の予算措置は	109
Q090	外務省の組織はどのようになっていますか	110
Q091	世界遺産を通じてのわが国の国際貢献は可能ですか	111
Q092	アジア・太平洋地域の国と地域（含む周辺諸国）の世界遺産は	112
Q093	日本国内で各国の世界遺産のことを調べるには	114
Q094	今後も日本の世界遺産は増えていきますか	115
Q095	世界遺産条約の本旨と今後の課題は	116
Q096	ユネスコの職員になるには	117
Q097	外務省，文化庁，環境省は霞ヶ関のどこにありますか	117
Q098	世界遺産研究で参考になる基礎資料は	118
Q099	世界遺産研究で参考になるインターネットURLは	119

■キーワード索引　121

世界遺産Q&A

ハンピの建造物群
(Group of Monuments at Hampi)
文化遺産(登録基準(ⅰ)(ⅲ)(ⅳ))　1986年登録
★【危機遺産】1999年登録
(写真提供) Rajendra S Shirole, Nottingham Business School

Q:001 世界遺産（World Heritage）とは?

A:001 世界遺産（英語 World Heritage 仏語 Patrimoine Mondial）とは，人類が歴史に残した偉大な文明の証明ともいえる遺跡や文化的な価値の高い建造物，そして，この地球上から失われてはならない貴重な自然環境を保護・保全することにより，私たち人類の共通の財産（Our common heritage）を後世に継承していくことを目的に1972年11月にユネスコ総会で採択された「世界の文化遺産および自然遺産の保護に関する条約」（世界遺産条約）に基づく世界遺産リスト（World Heritage List）に登録されている物件のことです。

　この世界遺産の考え方が生まれたのは，ナイル川のアスワン・ハイ・ダムの建設計画で，1959年に水没の危機にさらされたアブ・シンベル神殿やイシス神殿などのヌビア遺跡群の救済問題でした。この時，ユネスコが遺跡の保護を世界に呼びかけ，多くの国々の協力で移築したことにはじまります。

　また，ユネスコが，1972年に人間と生物圏（MAB=Man and the Biosphere）計画を発足させたことにより国際的に自然保護運動の気運が高まったことも契機になりました。

　このように人類共通の遺産を，国家，民族，人種，宗教をこえて，国際的に協力しあい，保護，保存することの必要性から生まれた概念が世界遺産なのです。

　世界遺産とは，ユネスコの世界遺産リストに登録されている世界的に顕著な普遍的価値（Outstanding Universal Value）をもつ遺跡，建造物群，記念物，そして，自然環境など，国家や民族を超えて未来世代に引き継いでいくべき人類共通のかけがえのない地球が造形した自然遺産や人類が創造した文化遺産です。

　世界遺産条約を締結している締約国（State Parties）から推薦された物件は，世界遺産委員会（World Heritage Committee）の審議を経て世界遺産に登録されます。また，各締約国の拠出した世界遺産基金（World Heritage Fund）から，必要に応じて保護活動（safeguarding activities）に対する国際援助（International Assistance）が行われています。

　こうした世界遺産に対する考え方の根底には，自然遺産や文化遺産は，その国やその国の民族だけのものではなく，地球に住む私たち一人一人にとってもかけがえのない宝物であり，その保護・保全は人類共通の課題であるという共通認識があります。

　世界遺産は，単に，ユネスコの世界遺産に登録され国際的な認知を受けることだけが目的ではありません。

　ユネスコ世界遺産センターのインターネットのホームページのトップページを開くと，英語で，**Protecting natural and cultural properties of outstanding universal value against the threat of damage in a rapidly developing world.**，仏語で，**Proteger les biens naturels et culturels de valeur universelle exceptionnelle, contre la menace d'un monde en evolution rapide.** という言葉が出現します。

　顕著な普遍的価値を持つ自然遺産や文化遺産を損傷の脅威から守るために，その重要性を広く世界に呼びかけ，保護・保全のための国際協力を推し進めていくことが世界遺産の基本的な考え方といえます。

- 世界遺産条約　前文
- The Operational Guidelines for the Implementation of the World Heritage Convention
  （UNESCO World Heritage Centre）
- 「世界遺産入門－地球と人類の至宝－」（シンクタンクせとうち総合研究機構）
- 「世界遺産ガイド－世界遺産条約編－」（シンクタンクせとうち総合研究機構）

Q:002　いま何故に世界遺産なのですか?

A:002　地球が誕生してから46億年、人類が誕生してから500万年になります。地球は、大気、水、土壌と多様な遺伝子、種、生態系、景観などによって支えられている一つの生命体です。

　地球と人類が残した世界遺産は、先行きが不透明で混迷する現代社会に、銀河系の太陽や星、そして、地球の衛星である月の様に普遍的な輝きを照射し、現代人の心の拠り所になると同時に、**モノから心へ**、**本物志向**へと変化する新たな価値観と確かな方向性を示唆してくれているようにも思えます。

　世界遺産の選定の方法や優先順序などについては、様々な意見もありますが、太古から現代社会、そして、未来社会へと継承していくべき**地球と人類の至宝**なのです。

　世界各地での地域紛争、貧困や難民問題、地球温暖化などにより懸念される生態系のバランスの崩壊と生物多様性の喪失などの地球環境問題、民族や宗教の対立による国際テロ等の諸問題や課題への対応も必要になります。

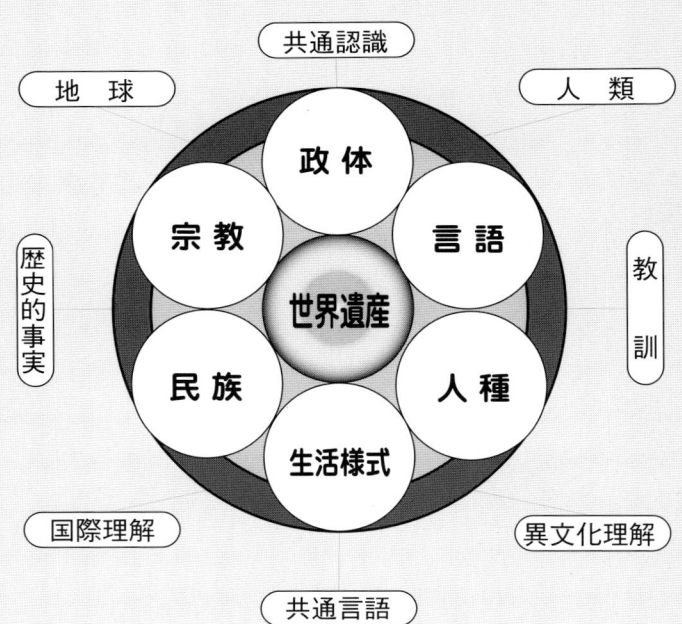

- 「世界遺産入門－地球と人類の至宝－」(シンクタンクせとうち総合研究機構)
- 「世界遺産ガイド－世界遺産条約編－」(シンクタンクせとうち総合研究機構)
- 「世界遺産事典－関連用語と全物件プロフィール－2001改訂版」
  (シンクタンクせとうち総合研究機構)

Q:003　ユネスコ（UNESCO）とは？

A:003　ユネスコとは，国際連合の専門機関の一つである教育科学文化機関（United Nations Educational, Scientific and Cultural Organization＝UNESCO）のことです。諸国民の教育，科学，文化の協力と交流を通じた国際平和と人類の福祉の促進に貢献することを目的として，1946年に設立されました。1945年11月にロンドンで「連合国教育文化会議」が開催され，アメリカ合衆国，カナダ，イギリス，フランス，中国など国連加盟の37か国によってユネスコ憲章（The Charter of UNESCO）を採択し，翌年，発効しました。

「……戦争は，人の心の中で生まれるものであるから，人の心の中に平和のとりでを築かなければならない。……だから，平和が失敗に終わらない為には，それを全人類の知的および道義的関係の上に築き上げなければならない……」（前文冒頭）の言葉は有名です。

ユネスコの加盟国の数は，2001年8月現在で，188か国。ユネスコ本部はパリのエッフェル塔の近くにあり，アジア・太平洋地域，アラブ諸国地域，欧州・北米地域，アフリカ地域，ラテンアメリカ・カリブ地域など世界各地に73の地域事務所があります。現在のユネスコ事務局長は，日本人としては初めての前駐仏大使の松浦晃一郎氏。わが国は，1951年に第60番目の加盟国として承認されて以来，日本ユネスコ国内委員会，㈶ユネスコ・アジア文化センター（ACCU），㈳日本ユネスコ協会連盟（NFUAJ），ユネスコ東アジア文化センター（CEACS）などを通じてユネスコの事業に参加・協力しており，2001年は日本にとってユネスコ加盟50周年の記念の年になりました。

一方，1971年には，人間，その環境，人間と環境の相互作用の三つの要素を一つの研究テーマに取り込んだ事業として，MAB計画（Man and Biosphere Programme 略称 MAB）が発足，生態系とその生物多様性の保護を天然資源の持続可能な利用と結びつけながら進めています。

また，わが国は戦後の荒廃した食料難の時期に，ユネスコから給食のパンやミルク，毛布などを贈られた歴史を持っていることも忘れてはなりません。

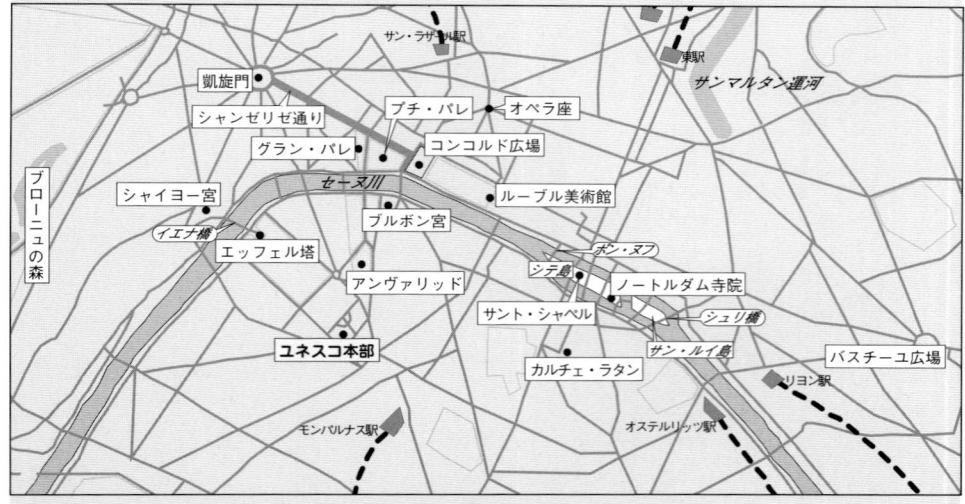

- The Operational Guidelines for the Implementation of the World Heritage Convention （UNESCO World Heritage Centre）
- 「ユネスコ」（日本ユネスコ国内委員会）
- 「世界遺産事典－関連用語と情報源－2001改訂版」（シンクタンクせとうち総合研究機構）
- 「世界遺産入門－地球と人類の至宝－」（シンクタンクせとうち総合研究機構）

Q:004 国際連合の組織とユネスコの位置づけ

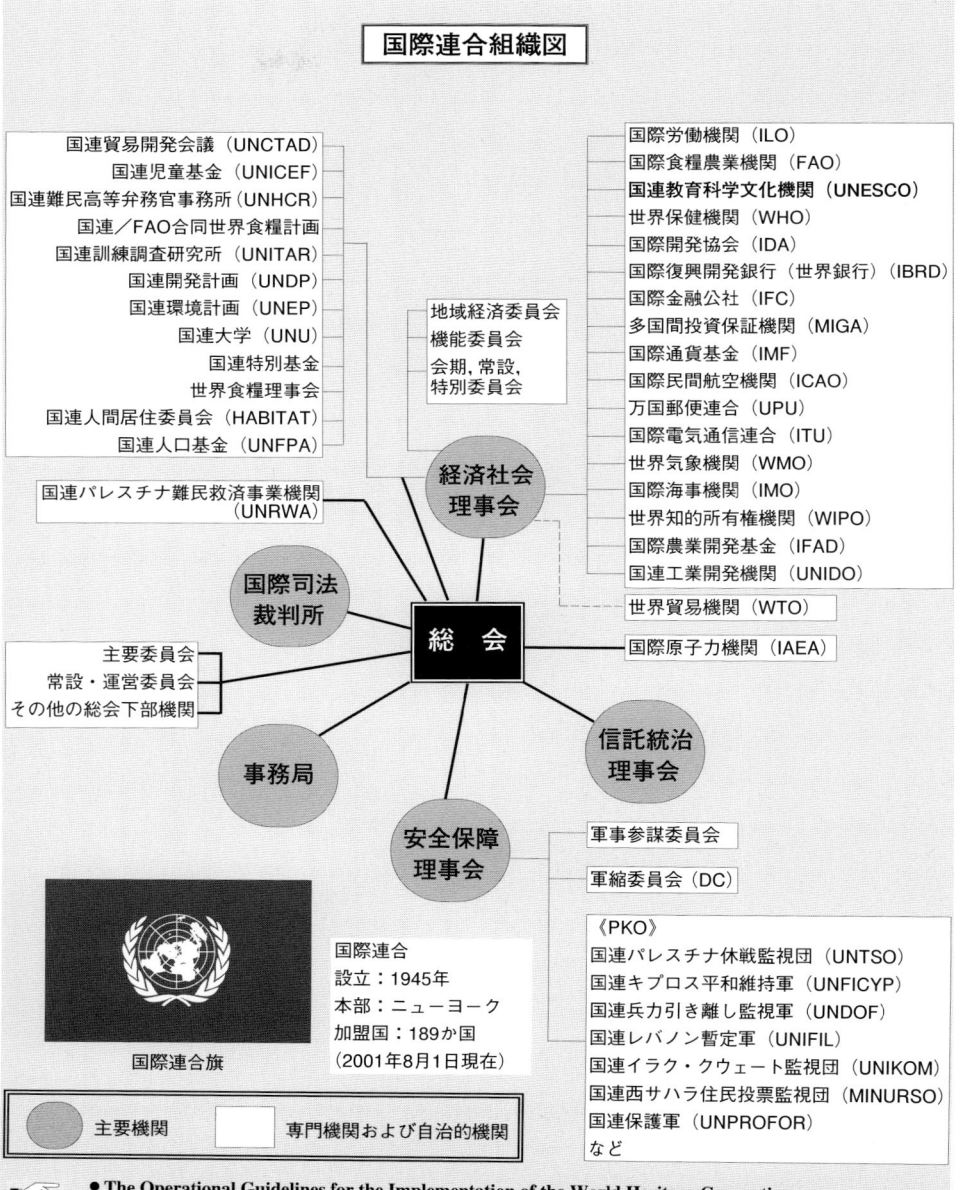

- The Operational Guidelines for the Implementation of the World Heritage Convention (UNESCO World Heritage Centre)

Q:005 世界遺産の数 グラフで見ると？

2001年8月1日現在

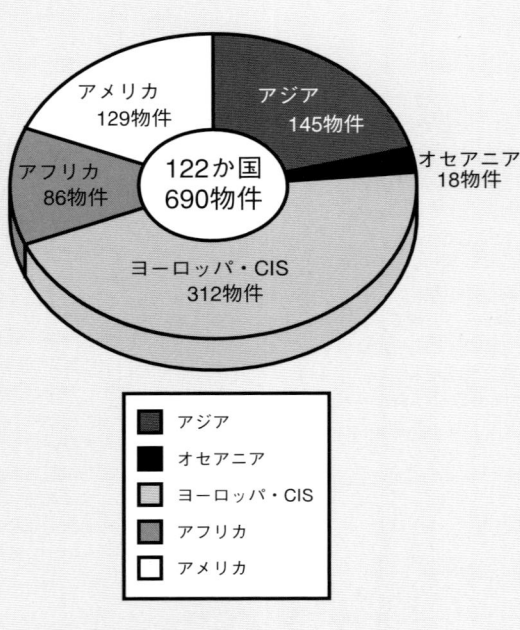

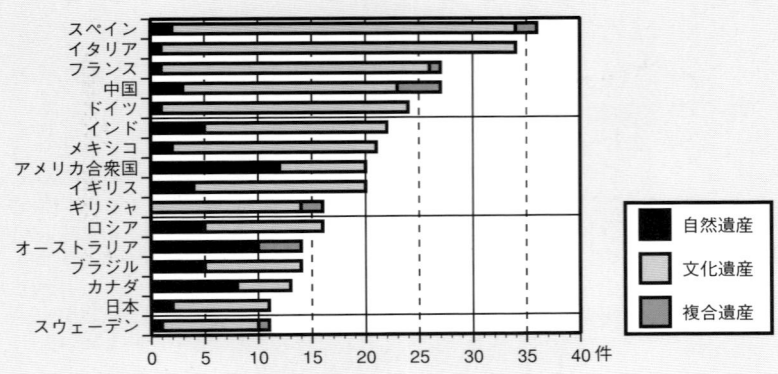

世界遺産Q&A－世界遺産の基礎知識－

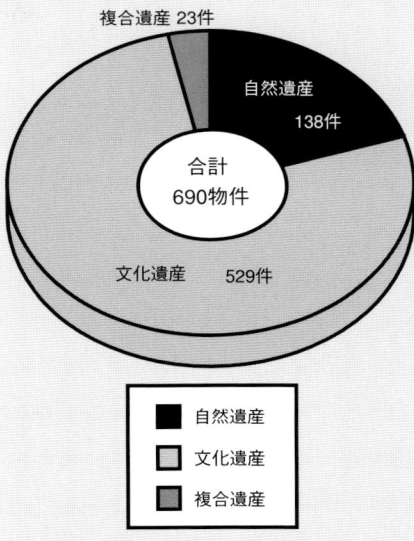

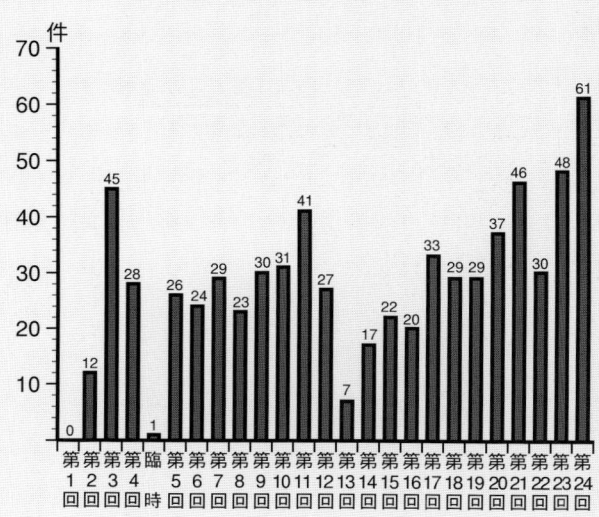

Q:006　世界遺産は，どのように分布していますか？

北極海

大西洋

インド洋

「世界遺産マップス　―地図で見るユネスコの世界遺産―　2001改訂版」
（シンクタンクせとうち総合研究機構）

世界遺産Q&A－世界遺産の基礎知識－

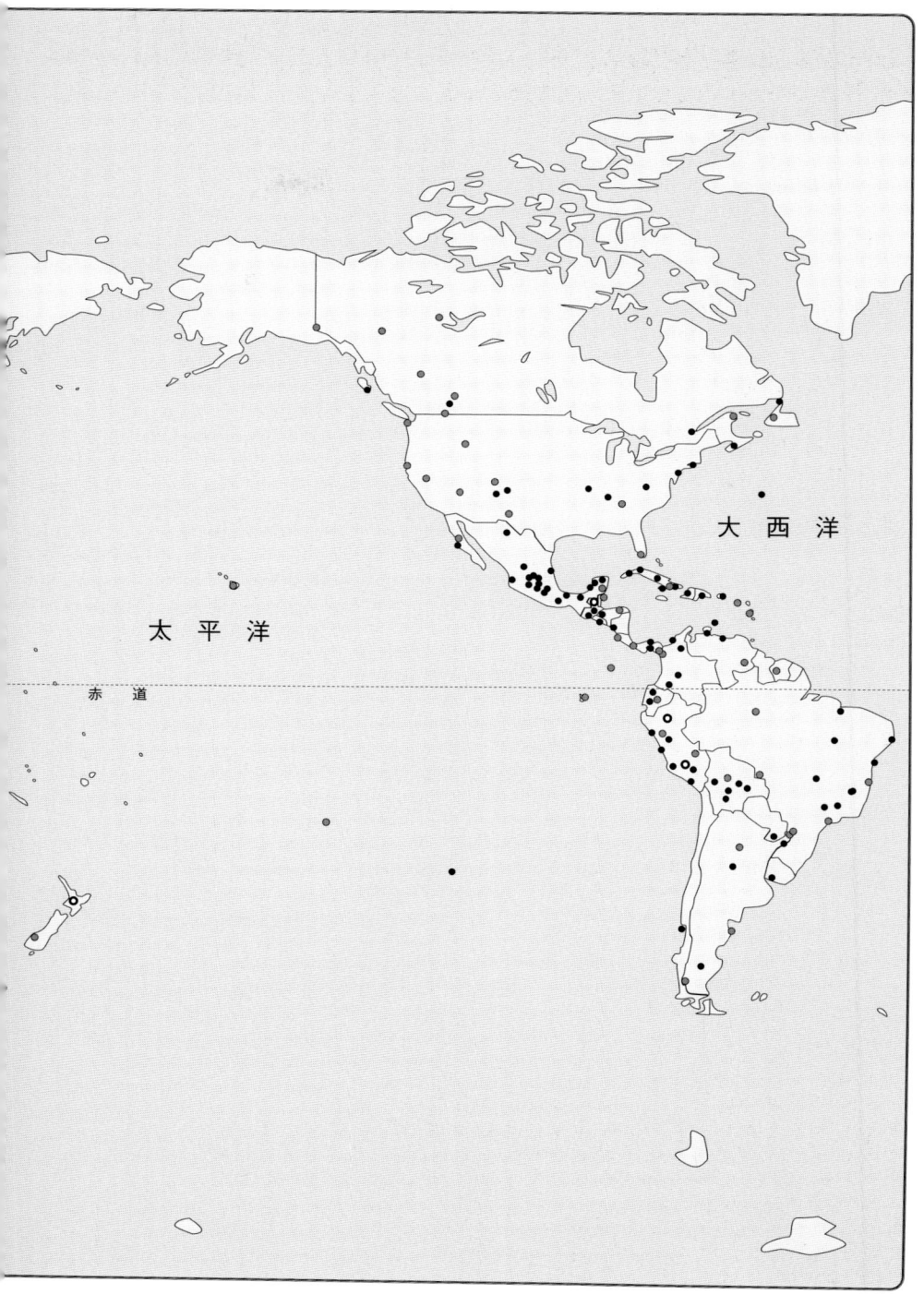

Q:007 世界遺産条約(The World Heritage Convention)とは?

A:007 世界の貴重な自然遺産,文化遺産を保護・保全し,次世代に継承しようとの目的から,1972年に国際連合(国連)の教育科学文化機関であるユネスコの総会で世界遺産条約(The World Heritage Convention)が採択されました。

世界遺産条約の正式な条約名は,世界の文化遺産および自然遺産の保護に関する条約(Convention Concerning the Protection of the World Cultural and Natural Heritage)で,1972年11月16日にユネスコのパリ本部で開催された第17回ユネスコ総会において満場一致で採択され,1975年12月17日に発効しました。

自然遺産および文化遺産を人類全体の為の世界の遺産として損傷,破壊などの脅威から保護し,保存することが重要であるとの観点から,国際協力および援助体制の確立を目的とした多数国間の国際条約で,2001年8月現在,中国,インド,イラン,オーストラリア,ギリシャ,スペイン,ポルトガル,イギリス,フランス,ドイツ,イタリア,ロシア連邦,エジプト,南アフリカ,カナダ,アメリカ合衆国,メキシコ,ペルー,ブラジル,そして,日本など世界の164か国が締約しています。

わが国は,1992年6月19日に世界遺産条約を国会で承認,6月26日に受諾の閣議決定,6月30日に受諾書寄託,9月30日に発効し,新たな締約国として仲間入りしました。

世界遺産条約の全文は,前文,(1)文化遺産および自然遺産の定義 (2)文化遺産および自然遺産の国内的および国際的保護 (3)世界の文化遺産および自然遺産の保護のための政府間委員会 (4)世界の文化遺産および自然遺産の保護のための基金 (5)国際援助の条件および態様 (6)教育事業計画 (7)報告 (8)最終条項の8章から構成されています。

世界遺産の締約国(State Parties)は,自国内に存在する世界遺産を保護・保存する義務を認識し,最善を尽くす(世界遺産条約第4条)。また,他国内に存在する世界遺産についても,保護に協力することが国際社会全体の義務であることを認識する(同第6条)。また,自国民が世界遺産を評価し尊重することを強化する為の教育・広報活動に努める(同27条)などの責務があります。

ユネスコの世界遺産に関する基本的な考え方は,すべてこの世界遺産条約に反映されており,世界遺産委員会など世界の文化遺産および自然遺産の保護のための政府間委員会(Intergovernmental Committee)の運営ルールについては,別途,世界遺産条約履行の為の作業指針(Operational Guidelines for the Implementation of the World Heritage Convention)のガイドラインに基づいて履行されています。

また,ユネスコ内部においては,文化セクターの文化遺産部門(Cultural Heritage Division),科学セクター(Science Sector)の生態科学部門と,外部においては,三つの助言団体である,ICCROM(文化財保存修復研究国際センター),ICOMOS(国際記念物遺跡会議),IUCN(国際自然保護連合),それに,ICOM(国際博物館協議会),NWHO(北欧ワールド・ヘリティッジ事務所),OWHC(世界遺産都市連盟),WCMC(世界環境保護モニタリング・センター)などの組織ともパートナーとして協力関係にあります。

- 「世界遺産データ・ブック―2001年版―」(シンクタンクせとうち総合研究機構)
- 「世界遺産ガイド―世界遺産条約編―」(シンクタンクせとうち総合研究機構)
- 「世界遺産事典―関連用語と全物件プロフィール―2001改訂版」(シンクタンクせとうち総合研究機構)

Q:008 世界遺産条約を締約している国と現在の世界遺産の数は？

世界遺産条約の締約国（164か国）と世界遺産の数（122か国690物件）

＜世界遺産条約締約日順＞

	国　名	世界遺産条約締約日	自然遺産	文化遺産	複合遺産	合計	【危機遺産】
1	アメリカ合衆国	1973年 7月12日 批准 (R)	12*[6][7]	8	0	20	(2)
2	エジプト	1974年 2月 7日 批准 (R)	0	5	0	5	(0)
3	イラク	1974年 3月 5日 受諾 (Ac)	0	1	0	1	(0)
4	ブルガリア	1974年 3月 7日 受諾 (Ac)	2	7	0	9	(1)
5	スーダン	1974年 6月 6日 批准 (R)	0	0	0	0	(0)
6	アルジェリア	1974年 6月24日 批准 (R)	0	6	1	7	(0)
7	オーストラリア	1974年 8月22日 批准 (R)	10	0	4	14	(0)
8	コンゴ民主共和国	1974年 9月23日 批准 (R)	5	0	0	5	(5)
9	ナイジェリア	1974年10月23日 批准 (R)	0	1	0	1	(0)
10	ニジェール	1974年12月23日 受諾 (Ac)	2	0	0	2	(1)
11	イラン	1975年 2月26日 受諾 (Ac)	0	3	0	3	(0)
12	チュニジア	1975年 3月10日 批准 (R)	1	7	0	8	(1)
13	ヨルダン	1975年 5月 5日 批准 (R)	0	3	0	3	(1)
14	ユーゴスラヴィア	1975年 5月26日 批准 (R)	1	3	0	4	(1)
15	エクアドル	1975年 6月16日 受諾 (Ac)	2	2	0	4	(1)
16	フランス	1975年 6月27日 受諾 (Ac)	1	25	1*[10]	27	(0)
17	ガーナ	1975年 7月 4日 批准 (R)	0	2	0	2	(0)
18	シリア	1975年 8月13日 受諾 (Ac)	0	4	0	4	(0)
19	キプロス	1975年 8月14日 受諾 (Ac)	0	3	0	3	(0)
20	スイス	1975年 9月17日 批准 (R)	0	4	0	4	(0)
21	モロッコ	1975年10月28日 批准 (R)	0	6	0	6	(0)
22	セネガル	1976年 2月13日 批准 (R)	2	2	0	4	(1)
23	ポーランド	1976年 6月29日 批准 (R)	1*[3]	8	0	9	(0)
24	カナダ	1976年 7月23日 受諾 (Ac)	8*[6][7]	5	0	13	(0)
25	パキスタン	1976年 7月23日 批准 (R)	0	6	0	6	(0)
26	ドイツ	1976年 8月23日 批准 (R)	1	23	0	24	(0)
27	ボリビア	1976年10月 4日 批准 (R)	1	5	0	6	(0)
28	マリ	1977年 4月 5日 受諾 (Ac)	0	2	1	3	(1)
29	ノルウェー	1977年 5月12日 批准 (R)	0	4	0	4	(0)
30	ガイアナ	1977年 6月20日 受諾 (Ac)	0	0	0	0	(0)
31	エチオピア	1977年 7月 6日 批准 (R)	1	6	0	7	(1)
32	タンザニア	1977年 8月 2日 批准 (R)	4	2	0	6	(0)
33	コスタリカ	1977年 8月23日 批准 (R)	3*[8]	0	0	3	(0)
34	ブラジル	1977年 9月 1日 受諾 (Ac)	5	9*[9]	0	14	(1)
35	インド	1977年11月14日 批准 (R)	5	17	0	22	(2)
36	パナマ	1978年 3月 3日 批准 (R)	2*[8]	2	0	4	(0)
37	ネパール	1978年 6月20日 受諾 (Ac)	2	2	0	4	(0)
38	イタリア	1978年 6月23日 批准 (R)	1	33*[5]	0	34	(0)
39	サウジアラビア	1978年 8月 7日 受諾 (Ac)	0	0	0	0	(0)
40	アルゼンチン	1978年 8月23日 受諾 (Ac)	4	3*[9]	0	7	(0)
41	リビア	1978年10月13日 批准 (R)	0	5	0	5	(0)
42	モナコ	1978年11月 7日 批准 (R)	0	0	0	0	(0)
43	マルタ	1978年11月14日 受諾 (Ac)	0	3	0	3	(0)
44	グアテマラ	1979年 1月16日 批准 (R)	0	2	1	3	(0)
45	ギニア	1979年 3月18日 批准 (R)	1*[2]	0	0	1	(1)

	国名	世界遺産条約締約日	自然遺産	文化遺産	複合遺産	合計	【危機遺産】
46	アフガニスタン	1979年3月20日 批准 (R)	0	0	0	0	(0)
47	ホンジュラス	1979年6月8日 批准 (R)	1	1	0	2	(1)
48	デンマーク	1979年7月25日 批准 (R)	0	3	0	3	(0)
49	ニカラグア	1979年12月17日 受諾 (Ac)	0	1	0	1	(0)
50	ハイチ	1980年1月18日 批准 (R)	0	1	0	1	(0)
51	チリ	1980年2月20日 批准 (R)	0	2	0	2	(0)
52	セイシェル	1980年4月9日 受諾 (Ac)	2	0	0	2	(0)
53	スリランカ	1980年6月6日 受諾 (Ac)	1	6	0	7	(0)
54	ポルトガル	1980年9月30日 批准 (R)	1	9	0	10	(0)
55	イエメン	1980年10月7日 批准 (R)	0	3	0	3	(1)
56	中央アフリカ	1980年12月22日 批准 (R)	1	0	0	1	(1)
57	コートジボワール	1981年1月9日 批准 (R)	3*[2]	0	0	3	(1)
58	モーリタニア	1981年3月2日 批准 (R)	1	1	0	2	(0)
59	キューバ	1981年3月24日 批准 (R)	1	5	0	6	(0)
60	ギリシャ	1981年7月17日 批准 (R)	0	14	2	16	(0)
61	オマーン	1981年10月6日 受諾 (Ac)	1	3	0	4	(0)
62	マラウイ	1982年1月5日 批准 (R)	1	0	0	1	(0)
63	ペルー	1982年2月24日 批准 (R)	2	6	2	10	(1)
64	スペイン	1982年5月4日 受諾 (Ac)	2	32	2*[10]	36	(0)
65	ブルンディ	1982年5月19日 批准 (R)	0	0	0	0	(0)
66	ベナン	1982年6月14日 批准 (R)	0	1	0	1	(1)
67	ジンバブエ	1982年8月16日 批准 (R)	2*[1]	2	0	4	(0)
68	ヴァチカン	1982年10月7日 加入 (A)	0	2*[5]	0	2	(0)
69	モザンビーク	1982年11月27日 批准 (R)	0	1	0	1	(0)
70	カメルーン	1982年12月7日 批准 (R)	1	0	0	1	(0)
71	レバノン	1983年2月3日 批准 (R)	0	5	0	5	(0)
72	トルコ	1983年3月16日 批准 (R)	0	7	2	9	(0)
73	コロンビア	1983年5月24日 受諾 (Ac)	1	4	0	5	(0)
74	ジャマイカ	1983年6月14日 受諾 (Ac)	0	0	0	0	(0)
75	マダガスカル	1983年7月19日 批准 (R)	1	0	0	1	(0)
76	バングラデシュ	1983年8月3日 受諾 (Ac)	1	2	0	3	(0)
77	ルクセンブルク	1983年9月28日 批准 (R)	0	1	0	1	(0)
78	アンチグア・バーブーダ	1983年11月1日 受諾 (Ac)	0	0	0	0	(0)
79	メキシコ	1984年2月23日 受諾 (Ac)	2	19	0	21	(0)
80	イギリス	1984年5月29日 批准 (R)	4	16	0	20	(0)
81	ザンビア	1984年6月4日 批准 (R)	1*[1]	0	0	1	(0)
82	カタール	1984年9月12日 受諾 (Ac)	0	0	0	0	(0)
83	ニュージーランド	1984年11月22日 批准 (R)	2	0	1	3	(0)
84	スウェーデン	1985年1月22日 批准 (R)	1	9	1	11	(0)
85	ドミニカ共和国	1985年2月12日 批准 (R)	0	1	0	1	(0)
86	ハンガリー	1985年7月15日 受諾 (Ac)	1*[4]	5	0	6	(0)
87	フィリピン	1985年9月19日 批准 (R)	2	3	0	5	(0)
88	中国	1985年12月12日 批准 (R)	3	20	4	27	(0)
89	モルジブ	1986年5月22日 受諾 (Ac)	0	0	0	0	(0)
90	セントクリストファー・ネイヴィース	1986年7月10日 受諾 (Ac)	0	1	0	1	(0)
91	ガボン	1986年12月30日 批准 (R)	0	0	0	0	(0)
92	フィンランド	1987年3月4日 批准 (R)	0	5	0	5	(0)
93	ラオス	1987年3月20日 批准 (R)	0	1	0	1	(0)
94	ブルキナファソ	1987年4月2日 批准 (R)	0	0	0	0	(0)
95	ガンビア	1987年7月1日 批准 (R)	0	0	0	0	(0)
96	タイ	1987年9月17日 受諾 (Ac)	1	3	0	4	(0)
97	ベトナム	1987年10月19日 受諾 (Ac)	1	3	0	4	(0)

世界遺産Q&A－世界遺産の基礎知識－

	国　名	世界遺産条約締約日	自然遺産	文化遺産	複合遺産	合計	【危機遺産】
98	ウガンダ	1987年11月20日 受諾（Ac）	2	0	0	2	(1)
99	コンゴ	1987年12月10日 批准（R）	0	0	0	0	(0)
100	パラグアイ	1988年4月27日 批准（R）	0	1	0	1	(0)
101	カーボベルデ	1988年4月28日 受諾（Ac）	0	0	0	0	(0)
102	韓国	1988年9月14日 受諾（Ac）	0	7	0	7	(0)
103	ベラルーシ	1988年10月12日 批准（R）	1＊③	1	0	2	(0)
104	ロシア	1988年10月12日 批准（R）	5	11＊⑪	0	16	(0)
105	ウクライナ	1988年10月12日 批准（R）	0	2	0	2	(0)
106	マレーシア	1988年12月7日 批准（R）	2	0	0	2	(0)
107	ウルグアイ	1989年3月9日 受諾（Ac）	0	1	0	1	(0)
108	インドネシア	1989年7月6日 受諾（Ac）	3	3	0	6	(0)
109	アルバニア	1989年7月10日 批准（R）	0	1	0	1	(1)
110	モンゴル	1990年2月2日 受諾（Ac）	0	0	0	0	(0)
111	ルーマニア	1990年5月16日 受諾（Ac）	1	6	0	7	(0)
112	ベネズエラ	1990年10月30日 受諾（Ac）	1	2	0	3	(0)
113	ベリーズ	1990年11月6日 批准（R）	1	0	0	1	(0)
114	フィジー	1990年11月21日 批准（R）	0	0	0	0	(0)
115	バーレーン	1991年5月28日 批准（R）	0	0	0	0	(0)
116	ケニア	1991年6月5日 受諾（Ac）	2	0	0	2	(0)
117	アイルランド	1991年9月16日 批准（R）	0	2	0	2	(0)
118	エルサルバドル	1991年10月8日 受諾（Ac）	0	1	0	1	(0)
119	セントルシア	1991年10月14日 批准（R）					
120	サン・マリノ	1991年10月18日 批准（R）					
121	アンゴラ	1991年11月7日 批准（R）					
122	カンボジア	1991年11月28日 受諾（Ac）	0	1	0	1	(1)
123	リトアニア	1992年3月31日 受諾（Ac）	0	2＊⑪	0	2	(0)
124	ソロモン諸島	1992年6月10日 加入（A）	1	0	0	1	(0)
125	日本	1992年6月30日 受諾（Ac）	2	9	0	11	(0)
126	クロアチア	1992年7月6日 承継の通告(S)	1	5	0	6	(0)
127	オランダ	1992年8月26日 受諾（Ac）	0	7	0	7	(0)
128	タジキスタン	1992年8月28日 承継の通告(S)	0	0	0	0	(0)
129	グルジア	1992年11月4日 承継の通告(S)	0	3	0	3	(0)
130	スロヴェニア	1992年11月5日 承継の通告(S)	1	0	0	1	(0)
131	オーストリア	1992年12月18日 批准（R）	0	6	0	6	(0)
132	ウズベキスタン	1993年1月13日 承継の通告(S)	0	3	0	3	(0)
133	チェコ	1993年3月26日 承継の通告(S)	0	10	0	10	(0)
134	スロヴァキア	1993年3月31日 承継の通告(S)	1＊④	4	0	5	(0)
135	ボスニア・ヘルツェゴビナ	1993年7月12日 承継の通告(S)	0	0	0	0	(0)
136	アルメニア	1993年9月5日 承継の通告(S)	0	3	0	3	(0)
137	アゼルバイジャン	1993年12月16日 批准（R）	0	1	0	1	(0)
138	ミャンマー	1994年4月29日 受諾（Ac）	0	0	0	0	(0)
139	カザフスタン	1994年4月29日 受諾（Ac）	0	0	0	0	(0)
140	トルクメニスタン	1994年9月30日 承継の通告(S)	0	1	0	1	(0)
141	ラトビア	1995年1月10日 受諾（Ac）	0	1	0	1	(0)
142	ドミニカ国	1995年4月4日 批准（R）	1	0	0	1	(0)
143	キルギス	1995年7月3日 受諾（Ac）					
144	モーリシャス	1995年9月19日 批准（R）					
145	エストニア	1995年10月27日 批准（R）	0	1	0	1	(0)
146	アイスランド	1995年12月19日 批准（R）	0	0	0	0	(0)
147	ベルギー	1996年7月24日 批准（R）	0	8	0	8	(0)
148	アンドラ	1997年1月3日 受諾（Ac）	0	0	0	0	(0)
149	マケドニア・旧ユーゴスラビア	1997年4月30日 承継の通告(S)	0	0	1	1	(0)

17

世界遺産Q&A－世界遺産の基礎知識－

国　名	世界遺産条約締約日	自然遺産	文化遺産	複合遺産	合計	【危機遺産】
150 南アフリカ	1997年 7月10日 批准 （R）	1	2	1	4	(0)
151 パプア・ニューギニア	1997年 7月28日 受諾 （Ac）	0	0	0	0	(0)
152 スリナム	1997年10月23日 受諾 （Ac）	1	0	0	1	(0)
153 トーゴ	1998年 4月15日 受諾 （Ac）	0	0	0	0	(0)
154 朝鮮民主主義人民共和国	1998年 7月21日 受諾 （Ac）	0	0	0	0	(0)
155 グレナダ	1998年 8月13日 受諾 （Ac）	0	0	0	0	(0)
156 ボツワナ	1998年11月23日 受諾 （Ac）	0	0	0	0	(0)
157 チャド	1999年 6月23日 批准 （R）	0	0	0	0	(0)
158 イスラエル	1999年10月 6日 受諾 （Ac）	0	0	0	0	(0)
159 ナミビア	2000年 4月 6日 受諾 （Ac）	0	0	0	0	(0)
160 キリバス	2000年 5月12日 受諾 （Ac）	0	0	0	0	(0)
161 コモロ	2000年 9月27日 批准 （R）	0	0	0	0	(0)
162 ルワンダ	2000年12月28日 受諾 （Ac）	0	0	0	0	(0)
163 ニウエ	2001年 1月23日 受諾 （Ac）	0	0	0	0	(0)
164 アラブ首長国連邦	2001年 5月11日 加入 （A）	0	0	0	0	(0)
合　計 （二国にまたがる世界遺産）		138 (8)	529 (4)	23 (1)	690 (13)	(30) (1)

(注) ＊二国にまたがる世界遺産（一つの物件として数えるもの）
　①ヴィクトリア瀑布（モシ・オア・トゥニャ）　自然遺産　　ザンビアとジンバブエ
　②ニンバ山厳正自然保護区　　　　　　　　　　自然遺産　　ギニアとコートジボワール
　③ビャウォヴィエジャ国立公園／ベラベジュスカヤ・プッシャ国立公園
　　　　　　　　　　　　　　　　　　　　　　　自然遺産　　ベラルーシとポーランド
　④アッガテレクの洞窟群とスロヴァキア石灰岩台地
　　　　　　　　　　　　　　　　　　　　　　　自然遺産　　ハンガリーとスロヴァキア
　⑤ローマ歴史地区，法皇聖座直轄領，
　　サンパオロ・フォーリ・レ・ムーラ教会　　　文化遺産　　イタリアとヴァチカン
　⑥クルエーン／ランゲルーセントエライアス／グレーシャーベイ／タッシェンシニ・アルセク
　　　　　　　　　　　　　　　　　　　　　　　自然遺産　　カナダとアメリカ合衆国
　⑦ウォータートン・グレーシャー国際平和自然公園
　　　　　　　　　　　　　　　　　　　　　　　自然遺産　　カナダとアメリカ合衆国
　⑧タラマンカ地方－ラ・アミスタード保護区群／ラ・アミスタード国立公園
　　　　　　　　　　　　　　　　　　　　　　　自然遺産　　コスタリカとパナマ
　⑨グアラニー人のイエズス会伝道所　　　　　　文化遺産　　アルゼンチンとブラジル
　⑩ピレネー地方－ペルデュー山　　　　　　　　複合遺産　　フランスとスペイン
　⑪クルシュ砂州　　　　　　　　　　　　　　　文化遺産　　リトアニアとロシア

(注) 二国にまたがる世界遺産（それぞれの国の物件として登録されているもの）
　⑫イグアス国立公園　　　　　　　　　　　　　自然遺産　　アルゼンチンとブラジル
　⑬サンティアゴ・デ・コンポステーラへの巡礼道　文化遺産　　スペインとフランス

● 「世界遺産データ・ブック－2001年版－」（シンクタンクせとうち総合研究機構）
● 「世界遺産ガイド－世界遺産条約編－」（シンクタンクせとうち総合研究機構）
● 「世界遺産事典－関連用語と全物件プロフィール－2001改訂版」
　（シンクタンクせとうち総合研究機構）

Q:009 世界遺産リスト（The World Heritage List）とは？

A:009 世界遺産リスト（英語 World Heritage List 仏語 la Liste du patrimoine mondial）とは、ユネスコの世界遺産委員会（World Heritage Committee）が顕著な普遍的価値（Outstanding Universal Value）があると認め登録した物件（Properties）の一覧表のことで、英語とフランス語で、表記されています。

自然遺産には、ロイヤル・チトワン国立公園（ネパール）、グレートバリアリーフ（オーストラリア）、バイカル湖（ロシア）、キリマンジャロ国立公園（タンザニア）、カナディアン・ロッキー山脈公園（カナダ）、グランドキャニオン国立公園（アメリカ合衆国）、ガラパゴス諸島（エクアドル）など138物件が登録されています。

文化遺産には、石窟庵と仏国寺（韓国）、万里の長城（中国）、アンコール（カンボジア）、アグラ城塞（インド）、アテネのアクロポリス（ギリシャ）、レオナルド・ダ・ビンチ画「最後の晩餐」があるサンタマリア・デレ・グラツィエ教会とドメニコ派修道院（イタリア）、ヴェルサイユ宮殿と庭園（フランス）、古都セゴビアとローマ水道（スペイン）、スコースキュアコゴーデン（スウェーデン）、メンフィスとそのネクロポリス／ギザからダハシュールまでのピラミッド地帯や古代テーベとネクロポリス（エジプト）、自由の女神像（アメリカ合衆国）、チチェン・イツァの古代都市（メキシコ）、ナスカおよびフマナ平原の地上絵（ペルー）など529物件が登録されています。

複合遺産には、黄山（中国）、ウルル・カタジュタ国立公園（オーストラリア）、ギョレメ国立公園とカッパドキア（トルコ）、ピレネー地方―ペルデュー山（フランス・スペイン）、マチュ・ピチュの歴史保護区（ペルー）など23物件が登録されており、ユネスコの世界遺産の総数は、2001年8月1日現在、690物件です。

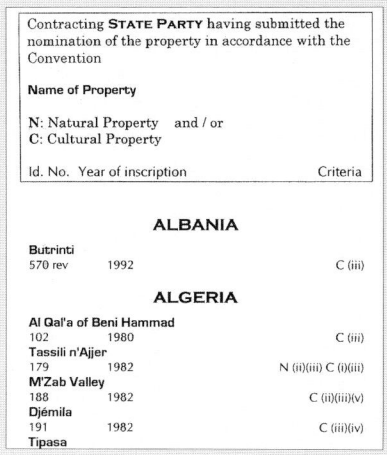

英語　　　　　　　　　　　　　　フランス語

- 「世界遺産データ・ブック―2001年版―」（シンクタンクせとうち総合研究機構）
- 「世界遺産ガイド―世界遺産条約編―」（シンクタンクせとうち総合研究機構）

世界遺産Q&A－世界遺産の基礎知識－

Q:010 自然遺産 (Natural Heritage) とは？

A:010 自然遺産 (Natural Heritage) とは、無生物、生物の生成物、または、生成物群からなる特徴のある自然の地域で、鑑賞上、または、学術上、顕著な普遍的価値 (Outstanding Universal Value) を有するもの、そして、地質学的、または、地形学的な形成物および脅威にさらされている動物、または、植物の種の生息地、または、自生地として区域が明確に定められている地域で、学術上、保存上、または、景観上、顕著な普遍的価値を有するものと定義することが出来ます。自然遺産には、4つの登録基準があり、これらのうち一つ以上を満たしている必要があります。　(4つの登録基準の詳細は、50頁参照)

　自然遺産は、2001年8月1日現在、138物件ありますが、イエローストーン (アメリカ合衆国)、ガラパゴス諸島 (エクアドル)、シミエン国立公園 (エチオピア)、ナハニ国立公園 (カナダ) の4物件が第2回世界遺産委員会で初めて登録されました。

　自然遺産の登録基準 i) ii) iii) iv) をすべて満たす典型的なものは、ムル山国立公園 (マレーシア)、クィーンズランドの湿潤熱帯地域、グレートバリアリーフ、シャーク湾 (オーストラリア)、テ・ワヒポウナム (ニュージーランド)、バイカル湖 (ロシア)、バレ・ドゥ・メ自然保護区 (セイシェル)、イエローストーン、グランドキャニオン国立公園、グレートスモーキー山脈国立公園 (アメリカ合衆国)、タラマンカ地方－ラ・アミスタッド保護区群／ラ・アミスタッド国立公園 (コスタリカ／パナマ)、リオ・プラターノ生物圏保護区 (ホンジュラス)、カナイマ国立公園 (ベネズエラ)、ガラパゴス諸島 (エクアドル)。

　また、自然遺産は、その登録基準の内容からもわかる通り、生態系、生物種、種内 (個体群、遺伝子) など生物多様性の保全との関わりから**生物多様性条約** (Convention on Biological Diversity)、特に水鳥の生息地として国際的に重要な湿地に関する**ラムサール条約** (Ramsar Convention)、絶滅のおそれのある野生動植物の種の保護を目的とする**ワシントン条約** (Washington Convention) などとも関連があります。

ジャウ国立公園 (ブラジル) 2000年登録

- 世界遺産条約　第2条
- **The Operational Guidelines for the Implementation of the World Heritage Convention**
  (**UNESCO World Heritage Centre**)
- 「世界遺産ガイド－自然遺産編－」(シンクタンクせとうち総合研究機構)
- 「世界遺産フォトス－写真で見るユネスコの世界遺産－」(シンクタンクせとうち総合研究機構)

グレートバリアリーフ（オーストラリア）1981年登録

カナディアン・ロッキー山脈公園（カナダ）1984年登録

ガラパゴス諸島（エクアドル）1978年登録

Q:011 文化遺産（Cultural Heritage）とは？

A:011 文化遺産（Cultural Heritage）とは，歴史上，芸術上，または，学術上，顕著な普遍的価値（Outstanding Universal Value）を有する記念物，建築物群，記念的意義を有する彫刻および絵画，考古学的な性質の物件および構造物，金石文，洞穴居ならびにこれらの物件の組合せで，歴史的，芸術上，または，学術上，顕著な普遍的価値を有するものと定義することが出来ます。

遺跡（Sites）とは，自然と結合したものを含む人工の所産および考古学的遺跡を含む区域で，歴史上，芸術上，民族学上，または，人類学上顕著な普遍的価値を有するものをいいます。

建造物群（Groups of buildings）とは，独立し，または，連続した建造物の群で，その建築様式，均質性，または，景観内の位置の為に，歴史上，芸術上，または，学術上顕著な普遍的価値を有するものをいいます。

記念物（Monuments）とは，建築物，記念的意義を有する彫刻および絵画，考古学的な性質の物件および構造物，金石文，洞穴居ならびにこれらの物件の組合せで，歴史的，芸術上，または，学術上，顕著な普遍的価値を有するものをいいます。

人類の英知と人間活動の所産を様々な形で語り続ける文化遺産は，2001年8月1日現在，529物件あります。アーヘン大聖堂（ドイツ），キト旧市街（エクアドル），クラクフ歴史地区（ポーランド），ゴレ島（セネガル），ヴィエリチカ塩坑（ポーランド），メサヴェルデ（アメリカ合衆国），ラリベラの岩の教会（エチオピア），ランゾー・メドーズ国立歴史公園（カナダ）の8物件が第2回世界遺産委員会（World Heritage Committee）で初めて登録されました。

また，文化遺産の登録基準ⅰ）ⅱ）ⅲ）ⅳ）ⅴ）ⅵ）をすべて満たす典型的な文化遺産は，莫高窟（中国），ヴェネチアとその潟（イタリア）などがあります。（6つの登録基準の詳細は50頁参照）

クラクフ歴史地区（ポーランド）1978年登録　ヴァヴェル城
1978年の第2回世界遺産委員会で文化遺産として初めて登録された物件の一つ。

- 「世界遺産ガイド文化遺産編－Ⅰ遺跡」（シンクタンクせとうち総合研究機構）
- 「世界遺産ガイド文化遺産編－Ⅱ建造物」（シンクタンクせとうち総合研究機構）
- 「世界遺産ガイド文化遺産編－Ⅲモニュメント」（シンクタンクせとうち総合研究機構）
- 「世界遺産フォトス－写真で見るユネスコの世界遺産－」（シンクタンクせとうち総合研究機構）

世界遺産Q&A―世界遺産の基礎知識―

パリのセーヌ河岸（フランス）1991年登録

ブルージュの歴史地区（ベルギー）2000年登録

ケルン大聖堂（ドイツ）1996年登録

イスファハンのイマーム広場(イラン)1979年登録

莫高窟 (中国) 1987年登録

姫路城(日本)1993年登録

自由の女神像(アメリカ合衆国)1984年登録

テオテイワカン古代都市(メキシコ)1987年登録

大学都市カラカス(ベネズエラ)2000年登録

Q:012 文化的景観（Cultural Landscapes）とは？

A:012 文化遺産の中で，文化的景観（Cultural Landscapes）という概念に含まれる物件があります。文化的景観とは，人間と自然環境との共同作品とも言える景観で，文化遺産と自然遺産との中間的な存在で，現在は，文化遺産の分類に含められています。

1992年12月にアメリカ合衆国のサンタフェで開催された第16回世界遺産委員会で，今後，拡大していくべき分野の一つとして世界的戦略（Global Strategy）に位置づけられ，世界遺産条約履行の為の作業指針（Operational Guidelines）に新たに加えられたもので，大別すると，

　一つは，人間によって設計され創り出された公園や庭園などの景観
　二つは，有機的に進化してきた景観
　三つは，自然的要素が強い宗教的，芸術的，或は，文化的な事象に関連する景観

三つのカテゴリーに分類することができます。

具体的に，文化的景観の概念が適用されている物件は，レバノンのカディーシャ渓谷（聖なる谷）と神の杉の森（ホルシュ・アルゼ・ラップ），フィリピンのコルディリェラ山脈の棚田，オーストラリアのウルル・カタジュタ国立公園，ニュージーランドのトンガリロ国立公園，イタリアのアマルフィターナ海岸，ペストゥムとヴェリアの考古学遺跡とパドゥーラの僧院があるチレントとディアーナ渓谷国立公園，フランスのサン・テミリオン管轄区，シュリー・シュル・ロワールとシャロンヌの間のロワール渓谷，フランスとスペインの両国にまたがるピレネー地方ーペルデュー山，ポルトガルのシントラの文化的景観，イギリスのブレナヴォンの産業景観，スウェーデンのエーランド島南部の農業景観，ドイツのデッサウ-ヴェルリッツの庭園王国，オーストリアのザルツカンマーグート地方のハルシュタットとダッハシュタインの文化的景観，ヴァッハウの文化的景観，チェコのレドニツェーバルチツェの文化的景観，ポーランドのカルヴァリア ゼブジドフスカ：マンネリスト建築と公園景観それに巡礼公園，ハンガリーのホルトバージ国立公園，リトアニアとロシア連邦の両国にまたがるクルシュ砂州，ナイジェリアのスクルの文化的景観，キューバのヴィニャーレス渓谷，キューバ南東部の最初のコーヒー農園の考古学的景観があげられます。

この他にも，このカテゴリーが採択された1992年以前に登録された物件や1992年以降の登録物件でも締約国が考古学遺跡や自然遺産など他の価値基準で登録した物件の中にもこの文化的景観の範疇に入ると考えられる物件が数多くあります。

ユネスコ世界遺産センターには，文化的景観についての担当セクション（Natural Heritage & Cultural Landscapes）や専門家（Dr Mechtild Rossler　著書Cultural Landscapes of Universal Value. Components of a Global Strategy）もいるので，登録書類作成段階で相談するなど十分なコミュニケーションを図っていくことが重要です。

文化的景観の解釈は，難解ですが，新たな候補物件の選考対象として注目されている概念です。わが国の文化財の範疇では，庭園，橋梁，渓谷，海浜，山岳などの特別名勝や名勝に指定されているものが，この概念に近いと思いますが，きわめて，多様性に富んでおり，新たな分野の文化財指定の取り組みも注目されています。

- **The Operational Guidelines for the Implementation of the World Heritage Convention paragraph 39**（UNESCO World Heritage Centre）
- 「世界遺産ガイドー文化遺産編ー」（シンクタンクせとうち総合研究機構）
- 「世界遺産ガイドー名勝・景勝地編ー」（シンクタンクせとうち総合研究機構）

世界遺産Q&A―世界遺産の基礎知識―

ヴァッハウの文化的景観（オーストリア）2000年登録

エーランド島南部の農業景観（スウェーデン）2000年登録

ホルトバージ国立公園（ハンガリー）1999年登録

Q:013 複合遺産（Mixed Cultural and Natural Heritage）とは？

A:013 自然遺産と文化遺産の両方の要件を満たしている物件が**複合遺産**（Mixed Cultural and Natural Heritage）で，最初から複合遺産として登録される場合と，はじめに，自然遺産，あるいは，文化遺産として登録され，その後，もう一方の遺産としても評価されて複合遺産となる場合があります。

例えば，トンガリロ国立公園（ニュージーランド）やリオ・アビセオ国立公園（ペルー）は，最初に，自然遺産として登録され，その後，文化遺産としても登録されて，結果的に複合遺産になりました。

複合遺産は，世界遺産条約の本旨である自然と文化との結びつきを代表するもので，2001年8月1日現在，23物件あります。ティカル国立公園（グアテマラ）が第3回世界遺産委員会で初めて複合遺産に登録されました。

その後，黄山，泰山，峨眉山と楽山大仏，武夷山（中国），ギョレメ国立公園とカッパドキア，ヒエラポリス・パムッカレ（トルコ），ウィランドラ湖群地方，ウルル・カタジュタ国立公園，カカドゥ国立公園，タスマニア原生国立公園（オーストラリア），トンガリロ国立公園（ニュージーランド），アトス山，メテオラ（ギリシャ），ピレネー地方ペルデュー山（フランスとスペイン），イビザの生物多様性と文化（スペイン），ラップランドの貴重な自然－サーメ文化（スウェーデン），文化的・歴史的外観・自然環境をとどめるオフリッド地域（マケドニア），タッシリ・ナジェール（アルジェリア），バンディアガラの絶壁（ドゴン人の集落）（マリ），マチュ・ピチュの歴史保護区，リオ・アビセオ国立公園（ペルー）が登録されています。

世界遺産条約の大きな特徴は，それまで，対立するものと考えられてきた自然と文化を，相互に依存したものと考え，共に保護していくことにあります。それは，自然遺産と文化遺産の両方の価値を併せ持った，この複合遺産という考え方にも反映されています。

文化的・歴史的外観・自然環境をとどめるオフリッド地域（マケドニア）
1979年／1980年登録

- **The Operational Guidelines for the Implementation of the World Heritage Convention** (UNESCO World Heritage Centre)
- 「世界遺産ガイド－複合遺産編－」（シンクタンクせとうち総合研究機構）
- 「世界遺産フォトス－写真で見るユネスコの世界遺産－」（シンクタンクせとうち総合研究機構）

世界遺産Q&A−世界遺産の基礎知識−

メテオラ（ギリシャ）1988年登録

泰山（中国）1987年登録

マチュ・ピチュの歴史保護区（ペルー）1983年登録

世界遺産Q&A－世界遺産の基礎知識－

Q:014 危機にさらされている世界遺産リストとは？

A:014 世界遺産委員会（World Heritage Committee）は，大火，暴風雨，地震，津波，洪水，地滑り，噴火などの大規模災害，内戦や戦争などの武力紛争，ダムや堤防建設，道路建設，鉱山開発などの開発事業，それに，入植，狩猟，伐採，海洋汚染，大気汚染，水質汚染などの自然環境の悪化による滅失や破壊など深刻な危機にさらされ緊急の救済措置が必要とされる物件を**危機にさらされている世界遺産リスト**（List of the World Heritage in Danger）に登録することができます。

危機にさらされている世界遺産リストにも，自然遺産，文化遺産のそれぞれに登録基準が項目別に設定されており，危機が顕在化している確認危険（Ascertained Danger）と危機が潜在化している潜在危険（Potential Danger）に大別されます。

現在，コトルの自然・文化－歴史地域（ユーゴスラビア連邦共和国・地震），エルサレム旧市街と城壁（ヨルダン推薦物件・民族紛争），アボメイの王宮（ベナン・雷雨），チャン・チャン遺跡（ペルー・風雨），バフラ城塞（オマーン・風化），トンブクトゥー（マリ・侵食），ニンバ山厳正自然保護区（ギニア／コートジボワール・鉄鉱山開発），アイルとテネレの自然保護区（ニジェール・武力紛争），マナス野生動物保護区（インド・密猟），アンコール（カンボジア・内戦），サンガイ国立公園（エクアドル・道路建設），スレバルナ自然保護区（ブルガリア・堤防建設），エバーグレーズ国立公園（アメリカ合衆国・人口増加），ヴィルンガ国立公園（コンゴ民主共和国・難民流入），イエローストーン（アメリカ合衆国・鉱山開発），リオ・プラターノ生物圏保護区（ホンジュラス・入植），イシュケウル国立公園（チュニジア・ダム建設），ガランバ国立公園（コンゴ民主共和国・密猟），シミエン国立公園（エチオピア・人口増加），オカピ野生動物保護区（コンゴ民主共和国・武力紛争），カフジ・ビエガ国立公園（コンゴ民主共和国・伐採，狩猟），ブトリント（アルバニア・紛争），マノボ・グンダ・サンフローリス国立公園（中央アフリカ・狩猟），イグアス国立公園（ブラジル・道路分断），ルウェンゾリ山地（ウガンダ・反乱），サロンガ国立公園（コンゴ民主共和国・武力衝突），ハンピの建造物群（インド・つり橋建設），ザビドの歴史都市（イエメン・都市化，劣化，コンクリート建造物の増加），ジュディ国立鳥類保護区（セネガル・サルビニア・モレスタ（オオサンショウモ）の繁殖），ラホールの城塞とシャリマール庭園（パキスタン・ラホール城の老朽化，都市開発，道路拡張に伴うシャリマール庭園の噴水の破損）の30物件が様々な原因や理由により，危機遺産になっています。

危機遺産になっても，その後，保護管理の改善措置が講じられ救われた場合には，例えば，プリトビチェ湖群国立公園（クロアチア・内戦／1991年危機遺産登録・1997年解除），ドブロブニク旧市街（クロアチア・内戦／1991年危機遺産登録・1998年解除），ヴィエリチカ塩坑（ポーランド・結露／1989年危機遺産登録・1998年解除）の様に危機にさらされている世界遺産リストから解除されることになります。

しかしながら，何の保護管理措置も講じられず改善の見込みがない場合には，これまでに事例はありませんが，世界遺産リストそのものから削除されないとも限りません。

世界遺産は，いつも，見えない危険にさらされています。九寨溝（中国・工場からの廃棄物による汚染），グレートバリアリーフ（オーストラリア・水質汚染），カカドゥ国立公園（オーストラリア・ウラン鉱山開発），バイカル湖（ロシア・水質汚染），エルヴィスカイノの鯨保護区（メキシコ・塩田開発），ガラパゴス諸島（エクアドル・外来種の侵入／タンカーの石油流出事故による環境汚染），マチュ・ピチュの歴史保護区（ペルー・脆弱地盤），アレキパの歴史地区（ペルー・地震）など枚挙に暇がありません。

- 世界遺産条約　第11条
- The Operational Guidelines for the Implementation of the World Heritage Convention
  III. ESTABLISHMENT OF THE LIST OF WORLD HERITAGE IN DANGER　A. B. C
  （UNESCO World Heritage Centre）
- 「世界遺産ガイド－危機遺産編－」（シンクタンクせとうち総合研究機構）

世界遺産Q&A－世界遺産の基礎知識－

アボメイの王宮（ベナン）1985年登録
【危機遺産】1985年登録

ザビドの歴史都市（イエメン）
1993年登録
【危機遺産】2000年登録

スレバルナ自然保護区（ブルガリア）1983年登録　【危機遺産】1992年登録

31

Q:015 危機にさらされている世界遺産リストへの登録基準とは？

A:015 危機にさらされている世界遺産リスト（List of the World Heritage in Danger）への登録基準は，以下の通りで，いずれか一つに該当する場合に登録されます。

（自然遺産の場合）

1) **確認危険**　遺産が特定の確認された差し迫った危険に直面している，例えば，
   a. 法的に遺産保護が定められた根拠となった顕著で普遍的な価値をもつ種で，絶滅の危機にさらされている種やその他の種の個体数が，病気などの自然要因，或は，密猟・密漁などの人為的要因などによって著しく低下している
   b. 人間の定住，遺産の大部分が氾濫するような貯水池の建設，産業開発や，農薬や肥料の使用を含む農業の発展，大規模な公共事業，採掘，汚染，森林伐採，燃料材の採取などによって，遺産の自然美や学術的価値が重大な損壊を被っている
   c. 境界や上流地域への人間の侵入により，遺産の完全性が脅かされる

2) **潜在危険**　遺産固有の特徴に有害な影響を与えかねない脅威に直面している，例えば，
   a. 指定地域の法的な保護状態の変化
   b. 遺産内か，或は，遺産に影響が及ぶような場所における再移住計画，或は，開発事業
   c. 武力紛争の勃発，或は，その恐れ
   d. 保護管理計画が欠如しているか，不適切か，或は，十分に実施されていない

（文化遺産の場合）

1) **確認危険**　遺産が特定の確認された差し迫った危険に直面している，例えば，
   a. 材質の重大な損壊
   b. 構造，或は，装飾的な特徴の重大な損壊
   c. 建築，或は，都市計画の統一性の重大な損壊
   d. 都市，或は，地方の空間，或は，自然環境の重大な損壊
   e. 歴史的な真正性の重大な喪失
   f. 文化的な意義の大きな喪失

2) **潜在危険**　遺産固有の特徴に有害な影響を与えかねない脅威に直面している，例えば，
   a. 保護の度合いを弱めるような遺産の法的地位の変化
   b. 保護政策の欠如
   c. 地域開発計画による脅威的な影響
   d. 都市開発計画による脅威的な影響
   e. 武力紛争の勃発，或は，その恐れ
   f. 地質，気象，その他の環境的な要因による漸進的変化

- The Operational Guidelines for the Implementation of the World Heritage Convention
  III. ESTABLISHMENT OF THE LIST OF WORLD HERITAGE IN DANGER　A. B. C
  （UNESCO World Heritage Centre）
- 「世界遺産ガイド－危機遺産編－」（シンクタンクせとうち総合研究機構）

Q:016 世界遺産の潜在危険とは？

A:016 世界遺産は，私たちの身の回りの環境と同様に，台風や地震などの**自然災害**や戦争などの**人為災害**，それに，海洋環境の劣化などの**地球環境問題**など世界遺産は，いつも，見えない危険にさらされています。また，過疎化・高齢化などによる後継者難など世界遺産を取り巻く社会構造上の問題も抱えています。

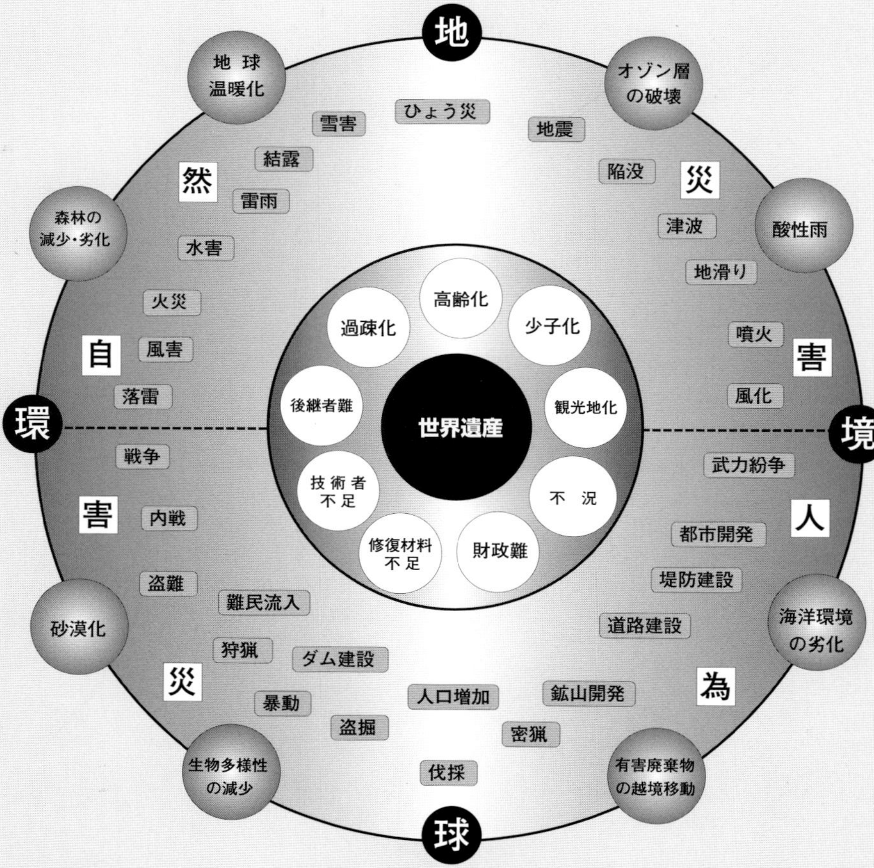

- The Operational Guidelines for the Implementation of the World Heritage Convention (UNESCO World Heritage Centre)
- 「世界遺産ガイド－危機遺産編－」（シンクタンクせとうち総合研究機構）
- 「世界遺産ガイド－関連用語と全物件プロフィール－2001改訂版」（シンクタンクせとうち総合研究機構）

世界遺産Q&A－世界遺産の基礎知識－

Q:017　危機にさらされている世界遺産の分布は？

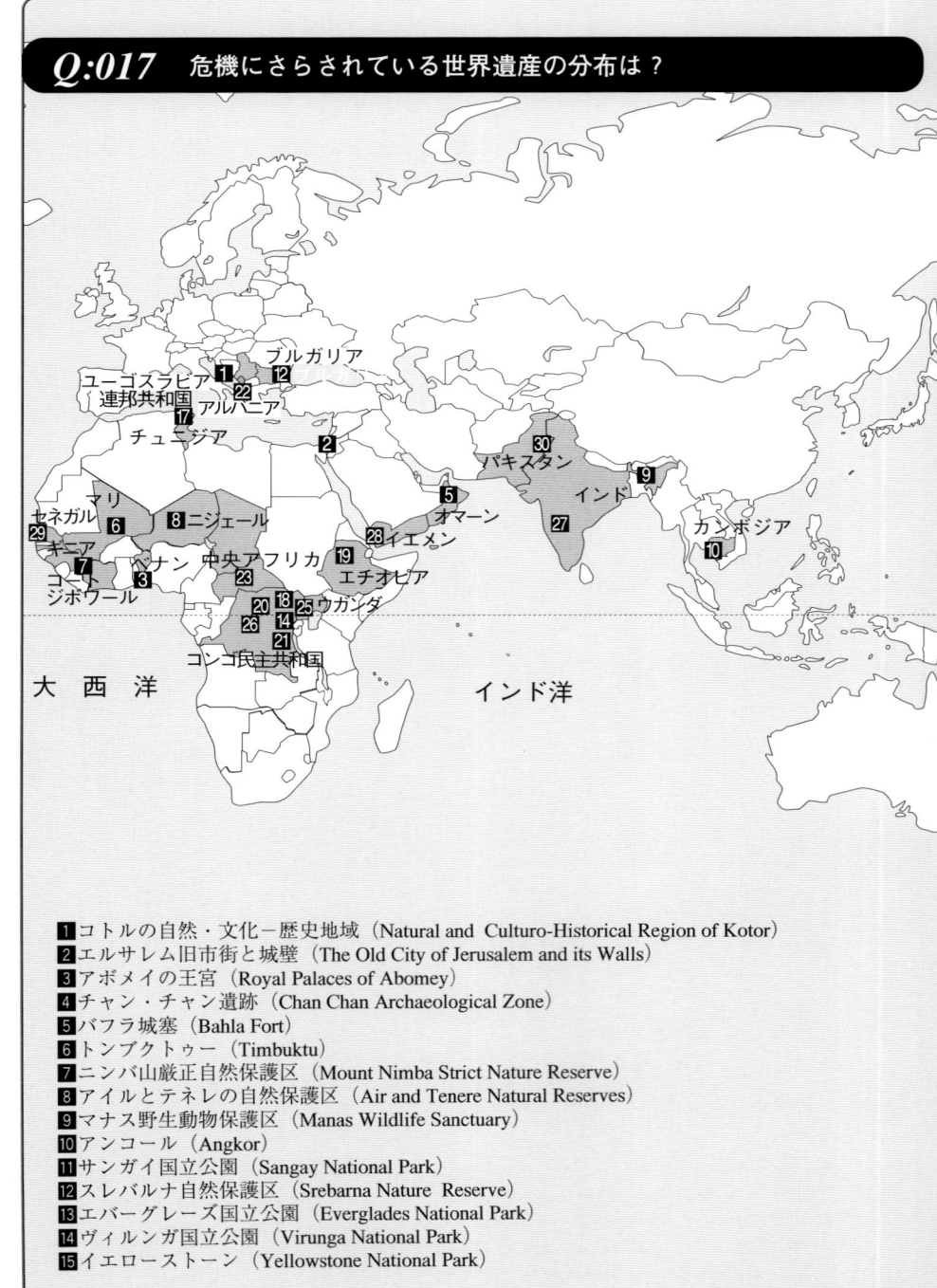

1. コトルの自然・文化－歴史地域（Natural and Culturo-Historical Region of Kotor）
2. エルサレム旧市街と城壁（The Old City of Jerusalem and its Walls）
3. アボメイの王宮（Royal Palaces of Abomey）
4. チャン・チャン遺跡（Chan Chan Archaeological Zone）
5. バフラ城塞（Bahla Fort）
6. トンブクトゥー（Timbuktu）
7. ニンバ山厳正自然保護区（Mount Nimba Strict Nature Reserve）
8. アイルとテネレの自然保護区（Air and Tenere Natural Reserves）
9. マナス野生動物保護区（Manas Wildlife Sanctuary）
10. アンコール（Angkor）
11. サンガイ国立公園（Sangay National Park）
12. スレバルナ自然保護区（Srebarna Nature Reserve）
13. エバーグレーズ国立公園（Everglades National Park）
14. ヴィルンガ国立公園（Virunga National Park）
15. イエローストーン（Yellowstone National Park）

34

世界遺産Q&A－世界遺産の基礎知識－

16 リオ・プラターノ生物圏保護区（Rio Platano Biosphere Reserve）
17 イシュケウル国立公園（Ichkeul National Park）
18 ガランバ国立公園（Garamba National Park）
19 シミエン国立公園（Simien National Park）
20 オカピ野生動物保護区（Okapi Faunal Reserve）
21 カフジ・ビエガ国立公園（Kahuzi-Biega National Park）
22 ブトリント（Butrinti）
23 マノボ・グンダ・サンフローリス国立公園（Parc National du Manovo-Gounda St.Floris）
24 イグアス国立公園（Iguacu National Park）
25 ルウェンゾリ山地国立公園（Rwenzori Mountains National Park）
26 サロンガ国立公園（Salonga National Park）
27 ハンピの建造物群（Group of Monuments at Hampi）
28 ザビドの歴史都市（Historic Town of Zabid）
29 ジュディ鳥類保護区（Djoudj National Bird Sanctuary）
30 ラホールの城塞とシャリマール庭園（Fort and Shalamar Gardens in Lahore）

35

世界遺産Q&A－世界遺産の基礎知識－

Q:018　20世紀以降の人類の戦争や地域紛争とは？

<20世紀の人類の戦争等>
- ■第一次世界大戦（1914年〜1918年）
- ■満州事変（1931年）
- ■日中戦争（1937年〜1941年）
- ■第二次世界大戦（1939年〜1945年）
- ■太平洋戦争（1941年〜1945年）
- ■インドシナ戦争（1946年〜54年）
- ■ベルリン封鎖（1948年〜49年）
- ■パレスチナ戦争（1948年〜49年）
- ■朝鮮戦争（1950年〜53年）
- ■ハンガリー動乱（1956年）
- ■コンゴ内戦（1960年）
- ■ベトナム戦争（1960年〜75年）
- ■キューバ危機（1962年）
- ■キプロス紛争（1964年）
- ■第3次中東戦争（1967年）
- ■チェコ政変（1968年）
- ■中ソ国境紛争（1969年）
- ■印パ戦争（1971年）
- ■第4次中東戦争（1973年）
- ■レバノン内戦（1978年〜）
- ■カンボジア内戦（1978年）
- ■中越国境紛争（1979年）
- ■エルサルバドル内戦（1979年〜）
- ■ニカラグア内戦（1979年）
- ■アフガニスタン事件（1979年）
- ■イラン・イラク戦争（1980年〜1988年）
- ■フォークランド紛争（1982年）
- ■米　グレナダ侵攻（1983年）

36

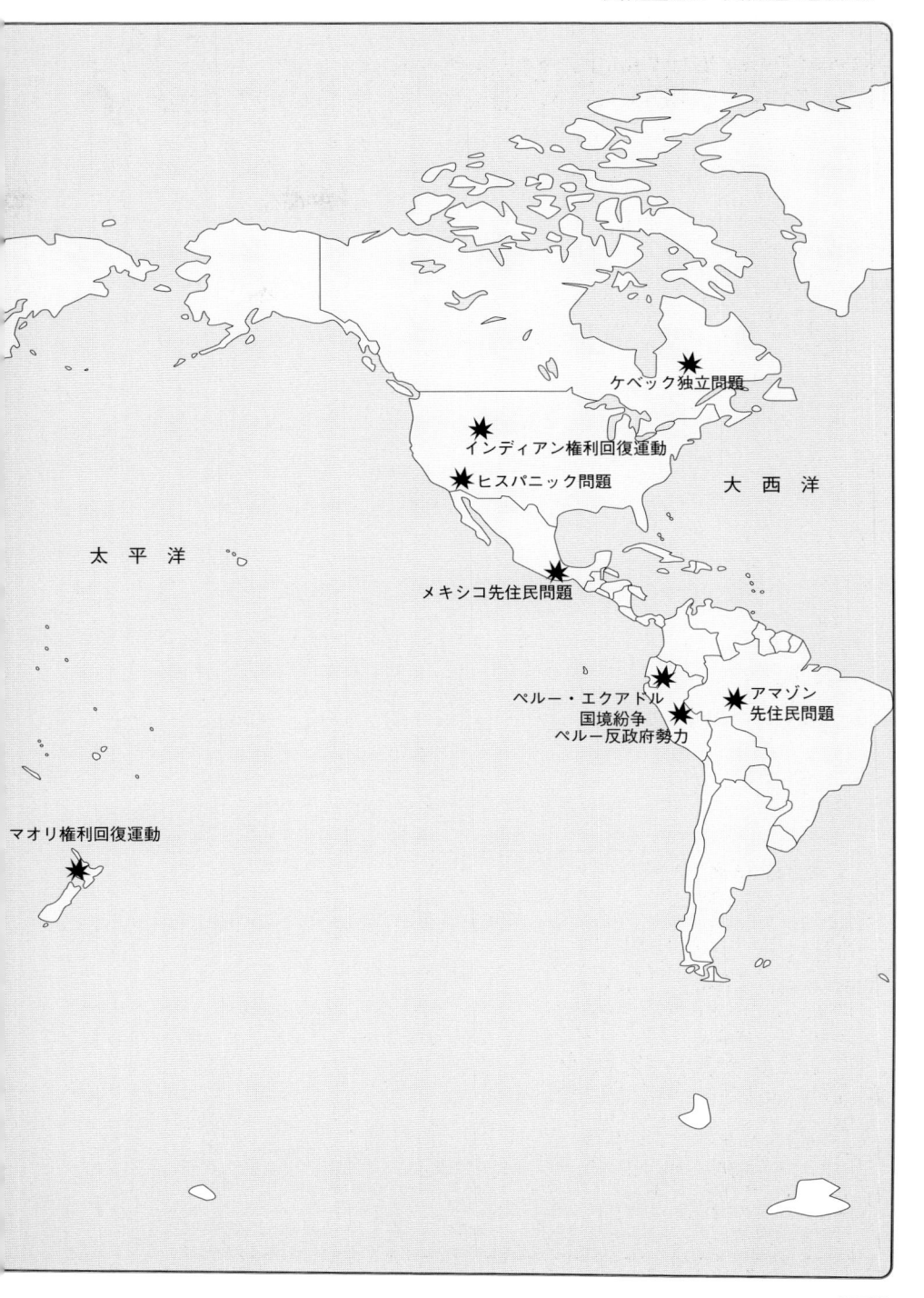

世界遺産Q&A－世界遺産の基礎知識－

ケベック独立問題

インディアン権利回復運動

ヒスパニック問題

大西洋

太平洋

メキシコ先住民問題

ペルー・エクアドル
国境紛争
ペルー反政府勢力

アマゾン
先住民問題

マオリ権利回復運動

37

Q:019 世界遺産委員会（World Heritage Committee）とは？

A:019 世界遺産委員会（World Heritage Committee）は，締約国（State Parties）から提出された推薦物件に基づいて，新たに世界遺産リスト（World Heritage List）に登録すべき物件や危機にさらされている世界遺産リスト（List of the World Heritage in Danger）に登録すべき物件の決定，次年度の世界遺産基金（World Heritage Fund）の予算の決定，既に世界遺産リストに登録されている物件の保全状況の監視（Monitoring），世界遺産保護の為の締約国からの国際援助（International Assistance）の要求の審査，方針の決定などを行います。同委員会の決定は，出席し，かつ，投票する委員国の3分の2以上の多数決で行われます。

また，世界遺産委員会が供与する国際援助は，調査・研究，専門家派遣，研修，機材供与，資金協力などの形をとっています。世界遺産委員会は，21か国の委員国で構成，任期は6年，2年毎に3分の1が交代します。

世界遺産委員会は，通常一年に一度，12月に開催されます。第1回目の世界遺産委員会は，1977年6月にフランスのパリで開催され，2000年12月にオーストラリアのケアンズで開催された第24回世界遺産委員会まで，通算24回の委員会が開催されています。

毎年，新たに，20～40物件が世界遺産リストに登録されており，その数は，年によって異なりますが，これまでに最も多かったのが第24回の61物件，最も少なかったのは第13回の7物件です。

世界遺産委員会は，通常2年に1回開催される世界遺産条約締約国の総会（General Assembly of States Parties to the Convention）で選任された21か国のメンバー（Members of the Committee）で構成され，任期は6年で，2年毎に3分の1が交代します。

2000年8月現在の世界遺産委員会の委員国は，下記の21か国です。

オーストラリア，カナダ，モロッコ，マルタ，エクアドル，ベナン，キューバ
　（任期　第31回ユネスコ総会の会期終了＜2001年11月頃＞まで）
ギリシャ，ジンバブエ，フィンランド，ハンガリー，メキシコ，韓国，タイ
　（任期　第32回ユネスコ総会の会期終了＜2003年11月頃＞まで）
ベルギー，中国，コロンビア，エジプト，イタリア，ポルトガル，南アフリカ
　（任期　第33回ユネスコ総会の会期終了＜2005年11月頃＞まで）

第24回世界委員会では，オーストラリアが議長国を，カナダ，エクアドル，フィンランド，モロッコ，タイの5か国が副議長国（Vice-Chairpersons），ジンバブエが書記局（Rapporteur）を務めました。

第13回世界遺産条約締約国の総会（2001年10月30日～31日）では，第31回ユネスコ総会（2001年10月15日～11月3日）の会期終了までで任期が終了する7か国に替わって，新たな7か国が委員国として選任される予定です。

- 世界遺産条約　第8条～第13条
- **The Operational Guidelines for the Implementation of the World Heritage Convention**
  VII. OTHER MATTERS　C.Meetings of the World Heritage Committee
  (**UNESCO World Heritage Centre**)
- 「世界遺産ガイド－世界遺産条約編－」（シンクタンクせとうち総合研究機構）
- 「世界遺産データ・ブック　－2001年版－」（シンクタンクせとうち総合研究機構）

第22回世界遺産委員会でユネスコ世界遺産に登録された
古都奈良の文化財（日本）1998年登録
写真は，東大寺大仏殿

第23回世界遺産委員会でユネスコ世界遺産に登録された
日光の社寺（日本）1999年登録
写真は，東照宮

第24回世界遺産委員会でユネスコ世界遺産に登録された
琉球王国のグスク及び関連遺産群（日本）2000年登録
写真は，首里城正殿

世界遺産Q&A－世界遺産の基礎知識－

Q:020　世界遺産委員会のこれまでの開催歴と登録物件数は？

世界遺産委員会開催歴（the Committee's previous sessions）と登録物件数は，次の通りです。

回次	開催都市（国名）	開催期間	登録物件数
第1回	パリ（フランス）	1977年 6月27日～ 7月 1日	0
第2回	ワシントン（アメリカ合衆国）	1978年 9月 5日～ 9月 8日	12
第3回	ルクソール（エジプト）	1979年10月22日～10月26日	45
第4回	パリ（フランス）	1980年 9月 1日～ 9月 5日	28
臨時	パリ（フランス）	1981年 9月10日～ 9月11日	1
第5回	シドニー（オーストラリア）	1981年10月26日～10月30日	26
第6回	パリ（フランス）	1982年12月13日～12月17日	24
第7回	フィレンツェ（イタリア）	1983年12月 5日～12月 9日	29
第8回	ブエノスアイレス（アルゼンチン）	1984年10月29日～11月 2日	23
第9回	パリ（フランス）	1985年12月 2日～12月 6日	30
第10回	パリ（フランス）	1986年11月24日～11月28日	31
第11回	パリ（フランス）	1987年12月 7日～12月11日	41
第12回	ブラジリア（ブラジル）	1988年12月 5日～12月 9日	27
第13回	パリ（フランス）	1989年12月11日～12月15日	7
第14回	バンフ（カナダ）	1990年12月 7日～12月12日	17
第15回	カルタゴ（チュニジア）	1991年12月 9日～12月13日	22
第16回	サンタ・フェ（アメリカ合衆国）	1992年12月 7日～12月14日	20
第17回	カルタヘナ（コロンビア）	1993年12月 6日～12月11日	33
第18回	プーケット（タイ）	1994年12月12日～12月17日	29
第19回	ベルリン（ドイツ）	1995年12月 4日～12月 9日	29
第20回	メリダ（メキシコ）	1996年12月 2日～12月 7日	37
第21回	ナポリ（イタリア）	1997年12月 1日～12月 6日	46
第22回	京都（日本）	1998年11月30日～12月 5日	30
第23回	マラケシュ（モロッコ）	1999年11月29日～12月 4日	48
第24回	ケアンズ（オーストラリア）	2000年11月27日～12月 2日	61
第25回	ヘルシンキ（フィンランド）	2001年12月11日～12月16日	X
第26回	ブダペスト（ハンガリー）	2002年 6月	Y
第27回	未定（中国）	2003年 6月	Z

（注）当初登録された物件が，その後，隣国を含めた登録地域の拡大・延長などで，新しい物件として統合・再登録された物件などを含む。

- The Operational Guidelines for the Implementation of the World Heritage Convention（UNESCO World Heritage Centre）
- 「世界遺産データ・ブック－2001年版－」（シンクタンクせとうち総合研究機構）
- 「世界遺産ガイド」（シンクタンクせとうち総合研究機構）

世界遺産Q&A－世界遺産の基礎知識－

第17回世界遺産委員会が開催されたカルタヘナ（コロンビア）
カルタヘナの港，要塞，建造物群（1984年登録）
この委員会で，我が国初めての物件4件が登録された。

第22回世界遺産委員会が開催された京都（日本）
古都京都の文化財（1994年登録）
写真は，竜安寺石庭

2002年6月に第26回世界遺産委員会が開催される予定の
ブダペスト（ハンガリー）
ブダペスト，ブダ城地域とドナウ河畔（1987年登録）
この委員会から6月に開催されるようになる。

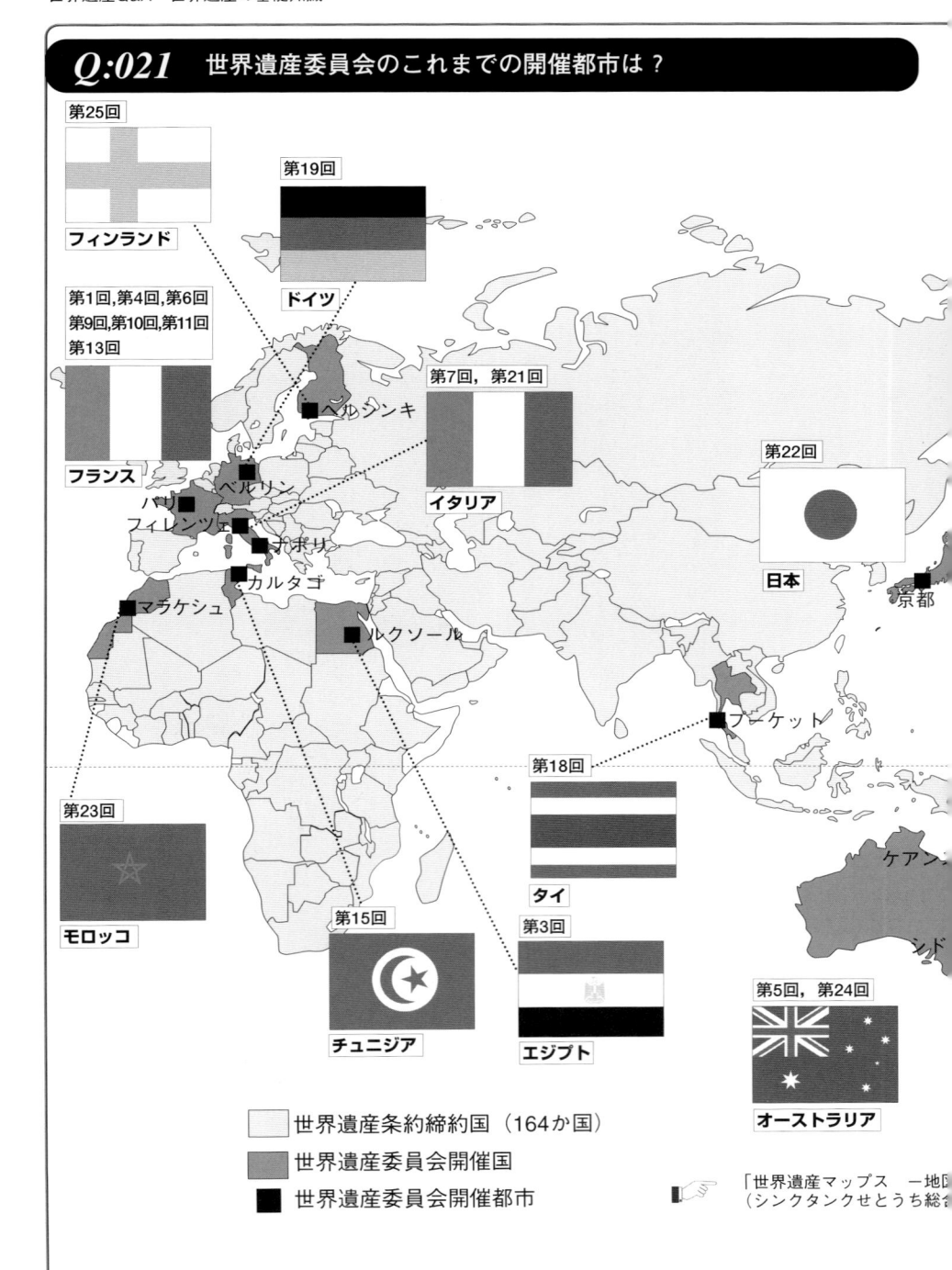

世界遺産Q&A－世界遺産の基礎知識－

Q:021　世界遺産委員会のこれまでの開催都市は？

第25回　フィンランド

第19回　ドイツ

第1回，第4回，第6回，第9回，第10回，第11回，第13回　フランス

第7回，第21回　イタリア

第22回　日本　京都

ヘルシンキ
ベルリン
パリ
フィレンツェ
ナポリ
カルタゴ
マラケシュ
ルクソール
プーケット

第23回　モロッコ

第15回　チュニジア

第18回　タイ

第3回　エジプト

第5回，第24回　オーストラリア

ケアンズ
シドニー

□ 世界遺産条約締約国（164か国）
■ 世界遺産委員会開催国
■ 世界遺産委員会開催都市

「世界遺産マップス　一地図
（シンクタンクせとうち総合

42

世界遺産Q&A－世界遺産の基礎知識－

第14回 カナダ
第2回, 第16回 アメリカ合衆国
バンフ
サンタ・フェ
ワシントン
第20回 メキシコ
メリダ
カルタヘナ
第17回 コロンビア
赤道
ブラジリア
第12回 ブラジル
ブエノスアイレス
第8回 アルゼンチン

スコの世界遺産－ 2001改訂版」

43

Q:022　ユネスコ世界遺産センターとは?

A:022　ユネスコの世界遺産に関する事務局（The Secretariat）は，**ユネスコ世界遺産センター**（The UNESCO World Heritage Centre）が務めています。ユネスコ世界遺産センター（所長　Mr Francesco Bandarin　2000年9月20日～　専門分野　建築・都市計画　ヴェニス出身）は，世界遺産条約履行に関連した活動の事務局業務を行う為，1992年にパリのユネスコ本部内に設立されました。ユネスコの組織では，現在，文化セクターに属しています。

　総会（General Assembly of States Parties to the Convention），世界遺産委員会（World Heritage Committee），世界遺産委員会ビューロー会議（Bureau of the World Heritage Committee）を仕切るほか，世界遺産への登録準備に際して，締約国（State Parties）への各種アドバイス，締約国からの技術援助の要請に伴う対応，世界遺産の保全状況や世界遺産の緊急事態への対応などの調整，世界遺産基金の管理などのほか，技術セミナーやワーク・ショップの開催，世界遺産リストとデータベースの更新，世界遺産の啓蒙活動などを行っています。

　ユネスコ世界遺産センターは多国籍のスタッフからなり，所長，副所長のほか，自然遺産 & 文化的景観，文化遺産（アジア，太平洋，アフリカ，アラブ諸国，ラテンアメリカ・カリブ諸国，ヨーロッパ・北米），青年の世界遺産教育プロジェクト，書類・広報，インターネット・世界遺産情報ネットワーク（WHIN），メディア・プロジェクトなどの業務を分担しています。

（写真撮影　古田陽久）

ユネスコ世界遺産センター（**UNESCO World Heritage Centre**）
7 place de Fontenoy　75352 Paris 07 SP　France
33-1-45681889　33-1-45685570
電子メール：wh-info@unesco.org
インターネット：http://www.unesco.org/whc

Q:023 世界遺産委員会ビューロー会議とは？

A:023 世界遺産委員会ビューロー会議（Bureau of the World Heritage Committee）は，世界遺産委員会で選任された7か国のメンバー（Members of the Bureau）で構成でされています。

世界遺産への登録に際しての事前審査は，自然遺産については，IUCN（国際自然保護連合）が，科学者などの専門家を現地に派遣し，厳格な現地調査を含む評価報告書を作成，この評価報告書を基に，世界遺産委員会ビューロー会議が自然遺産の登録基準への適合性や保護管理体制について厳しい審査を行います。

文化遺産と複合遺産については，ICOMOS（国際記念物遺跡会議）が，建築や都市計画などの専門家を現地に派遣し，厳格な現地調査を含む評価報告書を作成，この評価報告書を基に，世界遺産委員会ビューロー会議が文化遺産の登録基準への適合性や保護管理体制について厳しい事前審査を行っています。

世界遺産委員会ビューロー会議は，通常，年2回（6～7月と世界遺産委員会の直前の11～12月）開催され，世界遺産委員会に上程する議案の事前審査や方向づけを行います。

2001年12月11日～12月16日まで，フィンランドのヘルシンキ市で開催される第25回世界遺産委員会関連の世界遺産委員会ビューロー会議は，2001年6月25日～6月30日に，パリのユネスコ本部で開催され，締約国から推薦された50物件の世界遺産リストへの登録の可否について事前審査を行いました。

そして，第25回世界遺産委員会の直前の2001年12月7日～12月8日に，世界遺産委員会開催地のヘルシンキ市で，2001年6月25日～6月30日の会議で条件が付された物件の審査等を行い，世界遺産委員会に上程する内容の最終調整を行います。

因みに，2001年の世界遺産委員会ビューロー会議のメンバーは，21か国からなる世界遺産委員会の議長国，副議長国，そして，ラポルトゥール（書記国）で構成する幹事国のオーストラリア，カナダ，エクアドル，フィンランド，モロッコ，タイ，ジンバブエの7か国が務めています。

2002年からの世界遺産委員会ビューロー会議は，世界遺産委員会の開催が11月から6月に変更になるのに伴って，世界遺産委員会が開催される2か月前の4月に開催されることになります。

ユネスコ本部（パリ）

- **The Operational Guidelines for the Implementation of the World Heritage Convention**
  VII. OTHER MATTERS D.Meetings of the Bureau of the World Heritage Committee
  （**UNESCO World Heritage Centre**）
- 「世界遺産ガイド－世界遺産条約編－」（シンクタンクせとうち総合研究機構）

Q:024 Operational Guidelinesとは？

A:024 ユネスコの世界遺産に関する基本的な考え方は，世界遺産条約にすべて反映されていますが，この世界遺産条約を履行していく為に，次の様な項目からなるガイドライン（Operational Guidelines for the Implementation of the World Heritage Convention）が設けられています。1977年に世界遺産委員会（World Heritage Committee）によって原文が作成されました。その後，文化的景観など新しい概念の導入が図られ，頻繁に改訂が重ねられています。

INTRODUCTION
I. ESTABLISHMENT OF THE WORLD HERITAGE LIST
    A.   General Principles
    B.   Indications to States Parties concerning nominations to the List
    C.   Criteria for the inclusion of cultural properties in the World Heritage List
    D.   Criteria for the inclusion of natural properties in the World Heritage List
    E.   Procedure for the eventual deletion of properties from the World Heritage List
    F.   Guidelines for the evaluation and examination of nominations
    G.   Format and content of nominations
    H.   Procedure and timetable for the processing of nominations
II. REACTIVE MONITORING AND PERIODIC REPORTING
    A.   Reactive Monitoring
    B.   Periodic Reporting
    C.   Format and Content of periodic reports
III. ESTABLISHMENT OF THE LIST OF WORLD HERITAGE IN DANGER
    A.   Guidelines for the inclusion of properties in the List of World Heritage in Danger
    B.   Criteria for the inclusion of properties in the List of World Heritage in Danger
        C. Procedure for the inclusion of properties in the List of World Heritage in Danger
IV. INTERNATIONAL ASSISTANCE
    A.   Different forms of assistance available under the World Heritage Fund
      i.   Preparatory assistance
     ii.   Emergency assistance
    iii.   Training
    iv.   Technical co-operation
     v.   Assistance for educational, information and promotional activities
    B.   Deadlines for presentation of requests for international assistance for consideration by the Bureau and the Committee
    C.   Order of priorities for the granting of international assistance
    D.   Agreement to be concluded with States receiving international assistance
    E.   Implementation of projects
    F.   Conditions for the granting of international assistance
V. WORLD HERITAGE FUND
VI. BALANCE BETWEEN THE CULTURAL AND THE NATURAL HERITAGE IN THE IMPLEMENTATION OF THE CONVENTION
VII. OTHER MATTERS
    A.   Use of the World Heritage Emblem and the name, symbol or depiction of World Heritage sites
    B.   Rules of Procedure of the Committee
    C.   Meetings of the World Heritage Committee
    D.   Meetings of the Bureau of the World Heritage Committee
    E.   Participation of experts from developed countries
    F.   Publications of the World Heritage List
    G.   Action at the national level to promote a greater awareness of the activities undertaken under

   the Convention
 H. Links with other Conventions and Recommendations
ANNEXES
 ANNEX 1 Model for Presenting a Tentative List
 ANNEX 2 World Heritage Emblem
 ANNEX 3 Guidelines and Principles for the Use of the World Heritage Emblem

はじめに
Ⅰ.世界遺産リストへの登録
 A. 一般原則
 B. 世界遺産リストへの推薦に関する締約国への指示
 C. 世界遺産リストの文化遺産の登録基準
 D. 世界遺産リストの自然遺産の登録基準
 E. 世界遺産リストからの登録抹消手続き
 F. 推薦物件の評価並びに検討の為の指針
 G. 推薦物件の書式と内容
 H. 推薦物件の登録を進める為の手続きとタイムテーブル
Ⅱ.世界遺産登録物件の保全状況のモニタリング
Ⅲ.危機にさらされている世界遺産の登録
 A. 危機にさらされている世界遺産リストに登録する為のガイドライン
 B. 危機にさらされている世界遺産リストに登録する為の登録基準
 C. 危機にさらされている世界遺産リストに登録する為の手続き
Ⅳ.国際援助
 A. 世界遺産基金による援助の形態
   (ⅰ) 事前援助 (ⅱ) 緊急援助 (ⅲ) 研修 (ⅳ) 技術援助 (ⅴ) 促進活動への援助
 B. 世界遺産委員会及び事務局が審議する為の国際援助要請の提出期限
 C. 国際援助を受ける為の優先順序
 D. 国際援助を受ける締約国との覚書締結
 E. プロジェクトの実施
 F. 国際援助を受ける為の条件
Ⅴ.世界遺産基金
Ⅵ.世界遺産条約履行に際しての文化遺産と自然遺産とのバランス
Ⅶ.その他の事項
 A. 世界遺産エンブレムと世界遺産地の名前，シンボル等の使用について
 B. 世界遺産リストへの登録を記念する銘板の製作
 C. 世界遺産委員会の手続き規則
 D. 世界遺産委員会の会合
 E. 世界遺産ビューロー会議の会合
 F. 先進国からの専門家の参加
 G. 世界遺産リストの刊行
 H. 世界遺産条約啓発の為の国家レベルの行動
 I. 他の条約や勧告との連携
付属書類
 付属書類 1 暫定リスト提出に際してのひな型
 付属書類 2 世界遺産エンブレム
 付属書類 3 世界遺産エンブレム使用する為のガイドラインと原則

☞ ● **The Operational Guidelines for the Implementation of the World Heritage Convention**
  （**UNESCO World Heritage Centre**）
 ● Historical Development of the Operational Guidelines for the Implementation of
  the World Heritage Convention （UNESCO World Heritage Centre）
 ●「世界遺産ガイド－世界遺産条約編－」（シンクタンクせとうち総合研究機構）

Q:025 世界遺産への登録要件とは？

A:025 ユネスコの世界遺産に登録される為の要件は，第一に，世界的に顕著な普遍的価値（Outstanding Universal Value）を有することが前提になります。第二に，世界遺産委員会（World Heritage Committee）が定める世界遺産の登録基準（Inscription for Criteria）の一つ以上を満たしている必要があります。第三に，世界遺産としての価値を将来にわたって継承していく為の恒久的な保護・管理措置が講じられている必要があります。保護・管理措置とは，適切な立法措置，人員確保，資金準備，および，管理計画などが含まれます。

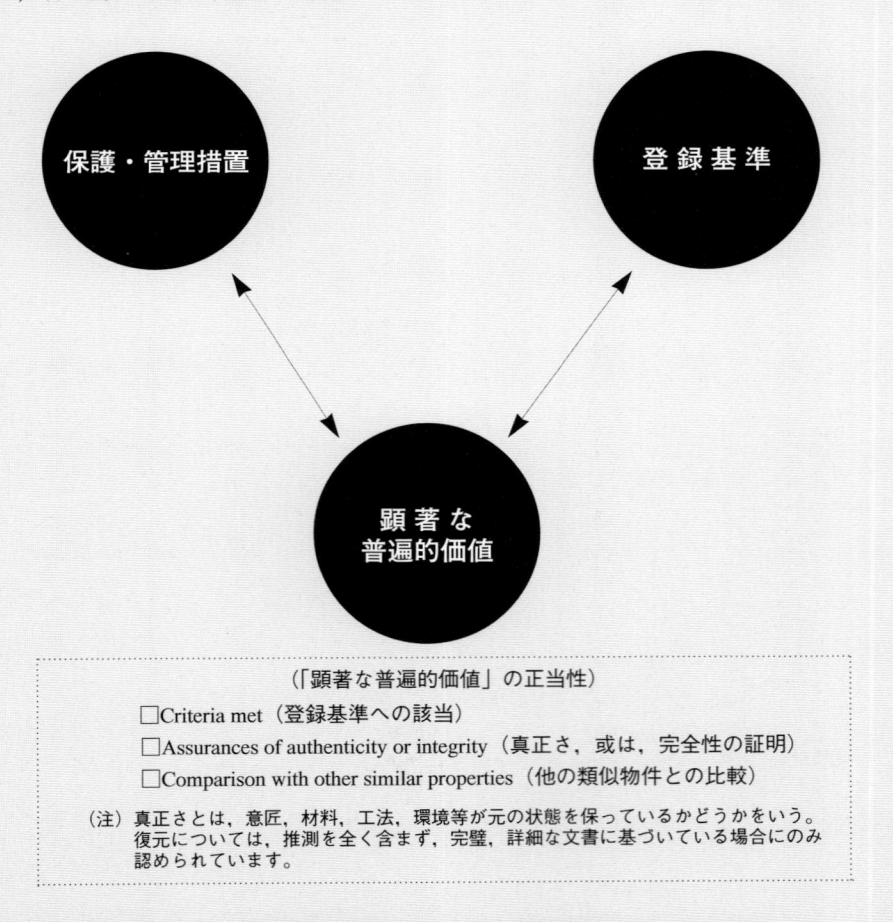

```
      保護・管理措置              登録基準

                   顕著な
                   普遍的価値
```

〈「顕著な普遍的価値」の正当性〉
- □ Criteria met（登録基準への該当）
- □ Assurances of authenticity or integrity（真正さ，或は，完全性の証明）
- □ Comparison with other similar properties（他の類似物件との比較）

（注）真正さとは，意匠，材料，工法，環境等が元の状態を保っているかどうかをいう。復元については，推測を全く含まず，完璧，詳細な文書に基づいている場合にのみ認められています。

- **The Operational Guidelines for the Implementation of the World Heritage Convention**
  I.ESTABLISHMENT OF THE WORLD HERITAGE LIST
  F. Guidelines for the evaluation and examination of nominations
  （UNESCO World Heritage Centre）
- 「世界遺産ガイド－世界遺産条約編－」（シンクタンクせとうち総合研究機構）

Q:026 顕著な普遍的価値（Outstanding Universal Value）とは？

A:026 昭和54年に「青森県山岳風土記」（山田耕一郎著）という本が出版されています。著者は，この本の中で，白神岳を「知られざる西部山地」と紹介しています。白神山地は，国内はもちろん県内でもほとんど名前を知られていない山地でしたが，世界最大級のブナ天然林とそのブナ林が支えてきた生態系の顕著な普遍的価値（Outstanding Universal Value）が世界的に認められました。日本にあるユネスコの世界遺産，それに今後，登録が期待される暫定物件について，世界に通用する，その顕著な普遍的価値とは何かを考えてみましょう。

物件名	顕著な普遍的価値
法隆寺地域の仏教建造物	世界最古の木造建築物
姫路城	日本を代表する芸術的な城郭建築物
屋久島	樹齢7200年といわれる縄文杉をはじめとする屋久杉原生林。常緑広葉樹林（照葉樹林）は世界最大規模
白神山地	世界最大級の広大なブナ原生林
古都京都の文化財（京都市 宇治市 大津市）	古都京都の歴史とこの群を成す文化財
白川郷・五箇山の合掌造り集落	日本の原風景を想起させる歴史的な合掌造り集落
原爆ドーム	時代を超えた核兵器の究極的廃絶と世界の恒久平和の大切さを訴え続ける人類共通の広島平和記念碑
厳島神社	日本三景の一つ宮島にある建造物と自然が一体化した朱塗りの平安の宗教建築群
古都奈良の文化財	8世紀に中国大陸等から伝播し独自の発展を遂げた仏教建築群と古代宮都の考古学的遺跡
日光の社寺	江戸幕府の祖を祀る霊廟を中心とする神社と寺院
琉球王国のグスク及び関連遺産群	東南アジア諸国等との交易で栄え個性的な文化の華を咲かせた琉球王国の首里城および周辺のグスクなど

世界遺産登録物件

- 「世界遺産ガイド－日本編－2001改訂版」（シンクタンクせとうち総合研究機構）
- 「誇れる郷土ガイド－東日本編－」（シンクタンクせとうち総合研究機構）
- 「誇れる郷土ガイド－西日本編－」（シンクタンクせとうち総合研究機構）

Q:027 世界遺産の登録基準とは？

A:027 世界遺産委員会（World Heritage Committee）が定める**世界遺産の登録基準**の概要は下記の通りです。

〔自然遺産の登録基準〕

ⅰ）生命進化の記録，重要な進行中の地質学的・地形形成過程あるいは重要な地形学的・自然地理学的特徴を含む，地球の歴史の主要な段階を代表する顕著な見本であること。

ⅱ）陸上・淡水域・沿岸・海洋の生態系や生物群集の進化発展において，重要な進行中の生態学的・生物学的過程を代表する顕著な見本であること。

ⅲ）類例を見ない自然の美しさ，または，美観的にみてすぐれた自然現象あるいは地域を包含すること。

ⅳ）学術的・保全的視点からみて，すぐれて普遍的価値をもち，絶滅のおそれのある種を含む，野生状態における生物の多様性の保全にとって，特に，重要な自然の生息成育地を包含すること。

〔文化遺産の登録基準〕

ⅰ）人類の創造的天才の傑作を表現するもの。

ⅱ）ある期間を通じて，または，ある文化圏において，建築，技術，記念碑的芸術，町並み計画，景観デザインの発展に関し，人類の価値の重要な交流を示すもの。

ⅲ）現存する，または，消滅した文化的伝統，または，文明の，唯一の，または，少なくとも稀な証拠となるもの。

ⅳ）人類の歴史上重要な時代を例証する，ある形式の建造物，建築物群，技術の集積，または，景観の顕著な例

ⅴ）特に，回復困難な変化の影響下で損傷されやすい状態にある場合における，ある文化（または複数の文化）を代表する伝統的集落，または，土地利用の顕著な例

ⅵ）顕著な普遍的な意義を有する出来事，現存する伝統，思想，信仰，または，芸術的，文学的作品と，直接に，または，明白に関連するもの。
（この基準ⅵ）だけで世界遺産リストへの登録が認められるのは，極めて例外的な場合であり，原則は，他の文化遺産，または，自然遺産の基準と関連している場合に適応されています）

- **The Operational Guidelines for the Implementation of the World Heritage Convention** (UNESCO World Heritage Centre)
- 「世界遺産ガイド―世界遺産条約編―」（シンクタンクせとうち総合研究機構）
- 「世界遺産データ・ブック―2001年版―」（シンクタンクせとうち総合研究機構）

Q:028 自然遺産の4つの登録基準とは？

A:028 自然遺産には，次の4つの登録基準（Natural Criteria）があり，それぞれの登録基準を満たす代表的な物件を例示してみることにしましょう。
（◎は，複合遺産）

i ）生命進化の記録，重要な進行中の地質学的・地形形成過程あるいは重要な地形学的・自然地理学的特徴を含む，地球の歴史の主要な段階を代表する顕著な見本であること。

◎ウィランドラ湖群地方（オーストラリア），エオリエ諸島（エオリアン諸島）（イタリア），メッセル・ピット化石発掘地（ドイツ），ハイ・コースト（スウェーデン），アッガテレクとスロヴァキア・カルストの洞窟群（ハンガリー／スロヴァキア），ミグアシャ公園（カナダ），イチグアラスト・タランパヤ自然公園（アルゼンチン）

ii ）陸上・淡水域・沿岸・海洋の生態系や生物群集の進化発展において，重要な進行中の生態学的・生物学的過程を代表する顕著な見本であること。

白神山地（日本），イースト・レンネル（ソロモン諸島），ハワイ火山国立公園（アメリカ合衆国）

iii）類例を見ない自然の美しさ，または，美観的にみてすぐれた自然現象あるいは地域を包含すること。

九寨溝の自然景観および歴史地区，武陵源の自然景観および歴史地区，黄龍の自然景観および歴史地区，◎泰山（中国），◎ギョレメ国立公園とカッパドキア，◎ヒエラポリスとパムッカレ（トルコ），サガルマータ国立公園（ネパール），◎アトス山，◎メテオラ（ギリシャ），ビャウォヴィエジャ国立公園／ベラベジュスカヤ・プッシャ国立公園（ベラルーシ／ポーランド），◎文化的・歴史的外観・自然環境をとどめるオフリド地域（マケドニア），キリマンジャロ国立公園（タンザニア），◎バンディアガラの絶壁（マリ）

iv）学術的・保全的視点からみて，すぐれて普遍的価値をもち，絶滅のおそれのある種を含む，野生状態における生物の多様性の保全にとって，特に，重要な自然の生息成育地を包含すること。

ケオラデオ国立公園（インド），◎峨眉山と楽山大仏（中国），アラビアン・オリックス保護区（オマーン），スレバルナ自然保護区（ブルガリア），アルタイ・ゴールデン・マウンテン（ロシア），オカピ野生動物保護区，カフジ・ビエガ国立公園（コンゴ民主共和国），ニオコロ・コバ国立公園（セネガル），イシュケウル国立公園（チュニジア），エル・ヴィスカイノの鯨保護区（メキシコ），ヴァルデス半島（アルゼンチン）

☞ ● The Operational Guidelines for the Implementation of the World Heritage Convention
I.ESTABLISHMENT OF THE WORLD HERITAGE LIST
C. Criteria for the inclusion of natural properties in the World Heritage List
（UNESCO World Heritage Centre）
●「世界遺産ガイド－自然遺産編－」（シンクタンクせとうち総合研究機構）

世界遺産Q&A－世界遺産の基礎知識－

Q:029 文化遺産の6つの登録基準とは？

A:029 文化遺産には，次の6つの登録基準（Cultural Criteria）があり，それぞれの登録基準を満たす代表的な物件を例示してみることにしましょう。（◎は，複合遺産）

ⅰ）<u>人類の創造的天才の傑作を表現するもの。</u>
タージ・マハル（インド）

ⅱ）<u>ある期間を通じて，または，ある文化圏において，建築，技術，記念碑的芸術，町並み計画，景観デザインの発展に関し，人類の価値の重要な交流を示すもの。</u>
◎黄山（中国），シュパイアー大聖堂（ドイツ），ホレーズ修道院（ルーマニア），ゲガルド修道院とアザト峡谷の上流（アルメニア），コローメンスコエの主昇天教会（ロシア）

ⅲ）<u>現存する，または，消滅した文化的伝統，または，文明の，唯一の，または，少なくとも稀な証拠となるもの。</u>
アグラ城塞（インド），アユタヤ遺跡と周辺の歴史地区，バンチェーン遺跡（タイ），タッタの歴史的建造物（パキスタン），高敞，和順，江華の支石墓（韓国），◎ウィランドラ湖群地方（オーストラリア），ブトリント（アルバニア），ベルン旧市街，ミュスタイアの聖ヨハン大聖堂（スイス），イベリア半島の地中海沿岸の岩壁画（スペイン），イェリング墳丘，ルーン文字石碑と教会（デンマーク），アルタの岩石刻画，ベルゲンのブリッゲン地区（ノルウェー），ハル・サフリエニ・ヒポゲム（マルタ），ベニ・ハンマド要塞（アルジェリア），キルワ・キシワーニとソンゴ・ムナラの遺跡（タンザニア），サブラタの考古学遺跡，タドラート・アカクスの岩石画（リビア），ケルクアンの古代カルタゴの町とネクロポリス（チュニジア），チャコ文化国立歴史公園，メサヴェルデ（アメリカ合衆国），スカングアイ（アンソニー島）（カナダ），ピントゥーラス川のクエバ・デ・ラス・マーノス（アルゼンチン），サン・アグスティン歴史公園，ティエラデントロ国立歴史公園（コロンビア），セラ・ダ・カピバラ国立公園（ブラジル），チャビン，◎リオ・アビセオ国立公園（ペルー），ブリムストンヒル要塞国立公園（セントクリストファー・ネイヴィース）

ⅳ）<u>人類の歴史上重要な時代を例証する，ある形式の建造物，建築物群，技術の集積，または，景観の顕著な例</u>
デリーのクトゥブ・ミナールと周辺の遺跡群（インド），バフラ城塞（オマーン），宗廟（韓国），ゴール旧市街と城塞（スリランカ），タクティ・バヒーとサハリ・バハロルの仏教遺跡（パキスタン），バゲラートのモスク都市（バングラデシュ），フエ（ベトナム），マルタの巨石文化時代の神殿（マルタ），テルエルのムデハル様式建築，ラス・メドゥラス，ルゴのローマ時代の城壁（スペイン），ポルト歴史地区（ポルトガル），フォントネーのシトー派修道院（フランス），バミューダの古都セント・ジョージと関連要塞群（イギリス），市場町ベリンゾーナの3つの城，防壁，土塁（スイス），クヴェートリンブルクの教会と城郭と旧市街，ハンザ同盟の都市リューベック（ドイツ），ルクセンブルク中世要塞都市の遺構（ルクセンブルク），クロンボー城（デンマーク），エンゲルスベルクの製鉄所，ドロットニングホルム宮殿（スウェーデン），ヴェルラ製材製紙工場，スオメンリンナ要塞，ペタヤヴェシの古い教会（フィンランド），ヴィエリチカ塩坑，クラクフ歴史地区，ザモシチの旧市街（ポーランド），スピシュキー・ヒラットと周辺の文化財（スロヴァキア），ゼレナホラ地方のネポムクの巡礼教会，チェルキー・クルムロフ歴史地区（チェコ），ビエルタンの要塞教会，マラムレシュの木造教会（ルーマニア），ヴァグラチ聖堂とゲラチ修道院（グルジア），シルヴァン・シャフ・ハーンの宮殿と乙女の塔がある城塞都市バクー（アゼルバイジャン），ソロベツキー諸島の文化・歴史的遺跡群（ロシア），アブメナ（エジプト），古都メクネス（モロッコ），タオスのアメリカ先住民居留地（アメリカ合衆国），グアラニー人のイエズス会伝道所（アルゼンチン／ブラジル），コロニア・デル・サクラメントの歴史地区（ウルグアイ），ヴィニャーレス渓谷（キューバ），ラ・サンティシマ・トリニダード・デ・パラナとヘスス・デ・タバランゲのイエズス会伝道所（パラグアイ），リマ歴史地区（ペルー），スクレ歴史都市（ボリビア）

52

世界遺産Q&A－世界遺産の基礎知識－

ⅴ) 特に、回復困難な変化の影響下で損傷されやすい状態にある場合における、ある文化（または複数の文化）を代表する伝統的集落、または、土地利用の顕著な例

ホロクー（ハンガリー）、クルシュ砂州（リトアニア／ロシア）、アシャンティの伝統建築物（ガーナ）、ガダミース旧市街（リビア）、◎バンディアガラの絶壁（マリ）

ⅵ) 顕著な普遍的な意義を有する出来事、現存する伝統、思想、信仰、または、芸術的、文学的作品と、直接に、または、明白に関連するもの。

（この基準ⅵ）だけで世界遺産リストへの登録が認められるのは、極めて例外的な場合であり、原則は、他の文化遺産、または、自然遺産の基準と関連している場合に適応されています）

広島の平和記念碑（原爆ドーム）（日本）、◎トンガリロ国立公園（ニュージーランド）、リラ修道院（ブルガリア）、アウシュヴィッツ強制収容所（ポーランド）、ボルタ、アクラ、中部、西部各州の砦と城塞（ガーナ）、ゴレ島（セネガル）、独立記念館、サン・ファン歴史地区とラ・フォルタレサ（アメリカ合衆国）、ヘッド・スマッシュ・イン・バッファロー・ジャンプ、ランゾー・メドーズ国立歴史公園（カナダ）

ブトリント（アルバニア）1992年登録

エンゲルスベルクの製鉄所（スウェーデン）1993年登録

- **The Operational Guidelines for the Implementation of the World Heritage Convention
  I.ESTABLISHMENT OF THE WORLD HERITAGE LIST
  C. Criteria for the inclusion of cultural properties in the World Heritage List
  (UNESCO World Heritage Centre)**
- 「世界遺産ガイド－文化遺産編－」（シンクタンクせとうち総合研究機構）

世界遺産Q&A－世界遺産の基礎知識－

Q:030 世界遺産への登録手順は？

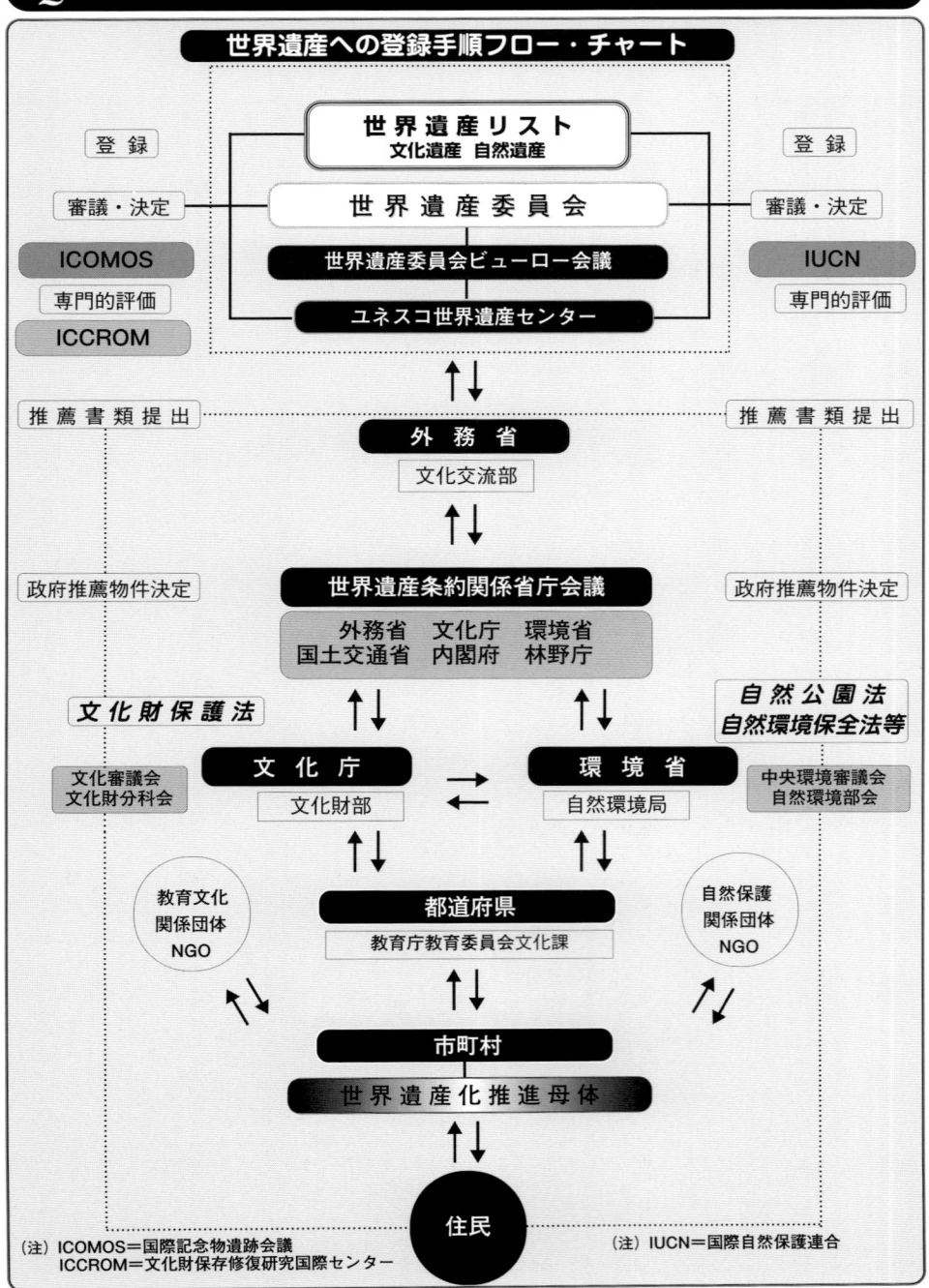

世界遺産への登録手順フロー・チャート

世界遺産リスト
文化遺産　自然遺産

世界遺産委員会
世界遺産委員会ビューロー会議
ユネスコ世界遺産センター

左側：
- [登録]
- [審議・決定]
- **ICOMOS** — 専門的評価
- **ICCROM**
- [推薦書類提出]
- [政府推薦物件決定]
- **文化財保護法**
- 文化審議会 文化財分科会
- 教育文化関係団体 NGO

右側：
- [登録]
- [審議・決定]
- **IUCN** — 専門的評価
- [推薦書類提出]
- [政府推薦物件決定]
- **自然公園法 自然環境保全法等**
- 中央環境審議会 自然環境部会
- 自然保護関係団体 NGO

中央フロー（上から下）：
- **外務省** — 文化交流部
- **世界遺産条約関係省庁会議** — 外務省　文化庁　環境省　国土交通省　内閣府　林野庁
- **文化庁** 文化財部　⇄　**環境省** 自然環境局
- **都道府県** — 教育庁教育委員会文化課
- **市町村**
- 世界遺産化推進母体
- **住民**

（注）ICOMOS＝国際記念物遺跡会議
　　　ICCROM＝文化財保存修復研究国際センター
（注）IUCN＝国際自然保護連合

Q:031 世界遺産推薦の書式と内容は？

1. Specific Location （所在地）
   a) country （国）
   b) State, Province or Region （州，地方あるいは地域）
   c) Name of property （物件名）
   d) Exact location on map and indication of geographic coordinates （地図と図面での正確な位置）
   e) Maps and/or Plans （地図・計画）
2. Juridical Data （法的データ）
   a) owner （所有者）
   b) Legal status （法的地位）
   c) Responsible national agency （責任のある国の機関）
   d) Collaborating （協力）
      national agencies and organizations （国の機関と組織）
3. Identification （証明）
   a) History （歴史）
   b) Description and Inventory （説明と目録）
   c) Photographic and/or cinematographic documentation （写真・映像書類）
   d) Public awareness （公的認知）
   e) Bibliography （参考文献）
4. State of preservation/conservation （保全・保存の状態）
   a) Diagnosis （診断）
   b) History of preservation/conservation （保全・保存の歴史）
   c) Means for preservation/conservation （保全・保存の方法）
   d) Management plans （管理計画）
5. Justification for inclusion in the World Heritage List （世界遺産登録の正当性）
   a) Cultural property （文化遺産）
      1. reasons for which the property is considered to meet one or more of the World Heritage criteria, with, as appropriate, a comparative evaluation of the property in relation to properties of a similar type （理由）
      2. evaluation of the property's present state of preservation as compared with similar properties elsewhere （評価）
      3. identification as to the authenticity of the property （証明）
   b) Natural property （自然遺産）
      1. reasons for which the property is considered to meet one or more of the World Heritage criteria with, as appropriate, a comparative evaluation of the property in relation to properties of a similar type （理由）
      2. evaluation of the property's present state of preservation as compared with similar properties elsewhere （評価）
      3. indications as to the integrity of the property （証明）

   Signed (on behalf of State Party)
   _____
   Full Name （氏名）_____
   Title （肩書）_____
   Date （日付）_____
   person duly authorized

   ANNEX （補遺）

世界遺産Q&A－世界遺産の基礎知識－

Q:032　世界遺産の登録範囲について説明して下さい。

A:032　世界遺産の登録範囲は，**核心地域**（Core Zone）と**緩衝地域**（Buffer Zone）とによって構成されます。世界遺産条約では，登録範囲の環境の適切な保全の為，核心地域の周囲に利用制限を加えたバッファゾーンを専門的調査に基づき設定することがガイドラインで求められています。世界遺産化を進めていく場合，世界遺産の登録範囲をどの様にするのか具体的な検討を重ねていくとがきわめて重要です。

```
世界遺産の登録範囲

    核心地域
    Core Zone

  緩衝地域（Buffer Zone）
```

Q:033　白神山地の場合，核心地域と緩衝地域は，どのようになっていますか？

青森県と秋田県の県境にまたがる
日本最大の広大なブナ原生林を擁する白神山地
登録範囲　　16,971ha
核心地域　　10,139ha
緩衝地域　　 6,832ha

区分	地域名	指定
核心地域	白神山地自然環境保全地域	特別地区
		野生動植物保護地区
	白神山地森林生態系保護地域	保存地区
	津軽国定公園	特別保護地区
	天然記念物（種指定のみ）	特別天然記念物 ニホンカモシカ
		天然記念物 クマゲラ，イヌワシ ヤマネ
緩衝地域	白神山地自然環境保全地域	普通地区
	津軽国定公園	特別地区
	赤石渓流暗門の滝県立自然公園	特別地区
	きみまち	特別地区
	天然記念物（種指定のみ）	特別天然記念物 ニホンカモシカ
		天然記念物 クマゲラ，イヌワシ ヤマネ

56

Q:034　白神山地の世界遺産地域管理計画について説明して下さい。

A:034　白神山地の遺産地域（面積16,971ha）は，その全域が林野庁所管の国有林野で，**世界遺産地域管理計画**は，当該地域の保全に係る各種制度を所轄する環境省，林野庁，文化庁，青森県，秋田県が，相互に緊密な連携を図る為，「白神山地世界遺産地域連絡会議」を設置し，世界遺産としての価値を将来にわたって維持していくことを目標に，**遺産地域の核心地域**（10,139ha）と**緩衝地域**（6,832ha）が世界遺産としての価値を損なうことのないよう，適正かつ円滑に管理することを目的としています。

　具体的には，核心地域については，既存の歩道を利用した登山を除き，本地域への立入りについては規制，緩衝地域については，特に，核心地域の自然環境に影響を及ぼす行為については厳正に規制，木材生産を目的とする森林施業は行わないこととし，本地域内に含まれる人工林については複相林施業等を行い，将来は天然林に導くこととしています。動植物の保護については，ツキノワグマをはじめとする動物については，自然環境の調査を実施すると共に，その結果等を踏まえ，鳥獣保護区の設定を含む所要の保護措置を的確に実施しています。

☞　白神山地世界遺産センター（西目屋館）（Shirakami-sanchi World Heritage Conservation Center（Nishimeya））
　〒036-1411　青森県中津軽郡西目屋町大字田代字神田61-1　☎0172-85-2622　℻0172-85-2635
　白神山地世界遺産センター（藤里館）（Shirakami-sanchi World Heritage Conservation Center（Fujisato））
　〒018-3201　秋田県山本郡藤里町藤琴字里栗63　☎0185-79-3001　℻0185-79-3005

Q:035　屋久島の世界遺産地域管理計画について説明して下さい。

A:035　屋久島の世界遺産地域管理計画は，遺産地域（面積10,747ha）の保全に係る各種制度を所轄する行政機関が，相互に緊密な連携を図ることにより，「屋久島世界遺産地域連絡会議」を設置。世界遺産としての価値を将来にわたって維持していくことを目標として遺産地域を適正かつ円滑に管理することを目的とし，各種制度の運用及び各種事業の推進等に関する基本方針を明らかにするものです。

　また，原生自然環境保全地域，国立公園の特別地域及び特別保護地区，森林生態系保護地域並びに特別天然記念物として厳正に保護，アカヒゲ，カラスバト等4種を天然記念物に指定しています。
また，
(1) 自然環境の保全上支障を及ぼすおそれのある行為を法律等に基づき厳正に規制，
(2) 縄文杉など特定の興味地点への利用の集中による自然環境への影響を防止，
(3) すぐれた自然の体験，観察，学習等の適正な利用を促す
などの措置を講じています。

☞　屋久島世界遺産センター　（The Yakushima World Heritage Conservation Center）
　〒891-4311　鹿児島県熊毛郡屋久町安房前岳　☎09974-6-2977　℻09974-6-2977

世界遺産Q&A－世界遺産の基礎知識－

Q:036　原爆ドームは、どのようなプロセスで世界遺産化されましたか？

1996年12月	原爆ドーム世界遺産登録決定（第21回世界遺産委員会　12月2日～7日　於：メキシコ・メリダ）
1996年11月	世界遺産委員会ビューロー会議（11月29日～30日　於：メキシコ・メリダ）
1996年6月	世界遺産委員会ビューロー会議（6月24日～29日　於：パリ）
1995年9月29日	外務省　世界遺産委員会に登録申請所類を提出
1995年9月22日	関係省庁連絡会議で最終決定
1995年9月7日	世界遺産条約協力者会議　原爆ドームの世界遺産推薦了承
1995年6月27日	文化財史跡指定決定（官報告示）
1995年5月19日	原爆ドームの史跡指定答申
1995年1月27日	文化財保護法指定基準の見直し
1994年6月28日	衆議院本会議採択
1994年1月28日	参議院本会議全会一致採択
1993年10月14日	国会請願
1993年12月24日	街頭署名活動等で160万名の署名を集約
1993年6月7日	原爆ドームの世界遺産化をすすめる会結成
1993年1月	原爆ドーム世界遺産化を文部省等に要請
1992年10月	連合広島が「原爆ドームの世界遺産化をすすめる会」結成に動く
1992年9月26日	広島市議会が内閣総理大臣，外務大臣．文部大臣等への意見書を全会一致で採択
1992年6月30日	日本　世界遺産条約を批准　被爆者・市民から原爆ドームを世界遺産にとの声が上がる
1988年3月8日	日本の世界遺産条約批准と原爆ドーム，西表島の世界遺産化について国会で論議

<構成団体>
広島県被団協・広島県ユネスコ連絡協議会・広島ユネスコ協会広島弁護士会・広島県医師会・広島市医師会・広島県歯科医師会・広島市歯科医師会・広島県地域女性団体連絡協議会・広島市地域女性団体連絡協議会・核禁広島県民会議・広島県原水禁・在広島16ライオンズ・クラブ・日本労働組合総連合会広島県連合会（連合広島）

<協賛団体>
広島県PTA連合会・広島市PTA協議会・広島県高等学校PTA連合会・広島県私立中学高等学校教育後援会

☞　原爆ドーム世界遺産化への道　編集委員会編・著
「次代へのメッセージ　原爆ドーム世界遺産化への道」

世界遺産Q&A－世界遺産の基礎知識－

毎年8月6日，原爆ドームを臨む広島平和記念公園で「広島市原爆死没者慰霊式並びに平和祈念式」が開催され国際平和都市 広島から平和のメッセージが，世界中に報じられます。
「原爆慰霊碑」の向こうに見えるのが「原爆ドーム」

昭和20年8月6日午前8時15分 米軍のB29爆撃機が原子爆弾を投下，多くの人が死亡，負傷するなど核兵器の惨禍に見舞われました。
原爆ドームは，世界の恒久平和の大切さを訴え続ける人類共通の平和のモニュメント。

59

Q:037 世界遺産化のタイム・テーブルは？

2002年1月	第25回世界遺産委員会の決定内容をすべての締約国に報告
↑	
2001年12月	第25回世界遺産委員会，推薦物件について下記の3つに区分して決定を行う 　(a) 世界遺産リストに登録する物件 　(b) 世界遺産リストに登録しないことを決定した物件 　(c) 検討を延期する物件
↑	
2001年11月1日	世界遺産ビューロー会議の (c) の区分により，推薦国に要請されている情報の提出期限 　＜間に合わない場合には，この年には検討されない＞
↑	
2001年7月〜11月	世界遺産ビューロー会議の報告書を委員会の構成国，関係締約国に通知
2001年6月〜7月	世界遺産ビューロー会議は，推薦物件についての検討を行い，下記の4つに区分して世界遺産委員会に推薦する 　(a) 何の留保も付けずに登録を推薦する物件 　(b) 登録の推薦をしない物件 　(c) 新たな情報・資料を得る為，推薦を行った国に再照会することが必要な物件 　(d) より綿密な評価あるいは調査が必要であるという理由により，その審議が延期されるべき物件 　＜この年には審議されない＞
↑	
2001年4月中	ユネスコ世界遺産センター，ICOMOS，IUCNの評価結果を確認，委員会の構成国が評価結果を7月1日までに有効書類と共に確実に入手できるように手配
↑	
2001年4月1日	ICOMOS，IUCNは，世界遺産委員会の登録基準に従って各推薦物件の専門的評価を行い，3つに区分して，ユネスコ世界遺産センターに伝達する 　(a) 何の留保も付けずに登録を推薦する物件 　(b) 登録に対する推薦を行わない物件 　(c) 登録に疑問のある物件
↑	
2000年9月15日	ユネスコ世界遺産センターによる書類審査 　(1) 書類に不備がある場合 ➡ 加盟国に対し不足の情報の要求 　(2) 書類に不備がない場合 ➡ ICOMOS and/or IUCNに伝達 　　　　　　　　　　　　↓ 　　　　　ICOMOS，IUCNによる書類審査
↑	
2000年7月1日	第25回世界遺産委員会が審議する推薦物件をユネスコ世界遺産センターが受理する最終期限

※第24回世界遺産委員会で、世界遺産ビューロー会議と世界遺産委員会の開催サイクルが変更されることが決まりました。世界遺産ビューロー会議は、毎年6〜7月に開催されていましたが4月に、世界遺産委員会は、毎年11〜12月に開催されていましたが6月に開催されることになりました。下記は、現時点での、世界遺産の登録にあたっての最短のスケジュールを例示してみました。

2003年6月

第27回世界遺産委員会、推薦物件について下記の3つに区分して決定を行う
(a) 世界遺産リストに登録する物件
(b) 世界遺産リストに登録しないことを決定した物件
(c) 検討を延期する物件

↑

2003年4月

世界遺産ビューロー会議は、推薦物件についての検討を行い、下記の4つに区分して世界遺産委員会に推薦する
(a) 何の留保も付けずに登録を推薦する物件
(b) 登録の推薦をしない物件
(c) 新たな情報・資料を得る為、推薦を行った国に再照会することが必要な物件
(d) より綿密な評価あるいは調査が必要であるという理由により、その審議が延期されるべき物件
＜この年には審議されない＞

↑

2002年2月1日

第27回世界遺産委員会が審議する推薦物件をユネスコ世界遺産センターが受理する最終期限

↑

2001年8月

現時点

Q:038　世界遺産とNGOとの関わりは？

A:038　ユネスコは，各国の国内委員会（National Commissions　日本の場合，日本ユネスコ国内委員会），ユネスコ・クラブ（UNESCO Clubs），政府間機関（Inter Governmental Organizations（IGOs）），非政府組織（Non Governmental Organizations（NGOs）），常駐代表（Permanent Delegations），議会人（Parliamentarians），その他（Other partners）とパートナーシップを組んでいます。

この内，政府機関とは異なり民間や市民団体を中心に，主に，国際的な活動を行う民間国際協力組織（非政府組織　NGO）は，アムネスティ・インターナショナル，国際大学協会（IAU），国際博物館協議会（ICOM），国際演劇会議（ITI），国際工学団体連合（UATI），Sahara and Sahel Observatory（OSS）などで，ユネスコは，NGOとの協力関係の度合に応じて，A, B, Cの3つのカテゴリーに分類しています。

世界遺産委員会との関わりでは，後述する国際記念物遺跡会議（ICOMOS），国際自然保護連合（IUCN），文化財保存修復研究国際センター（ICCROM）などの助言団体（Advisory Bodies）と親密な協力関係にあります。

☞　ユネスコ（UNESCO）
　　URL：http://www.unesco.org/general/eng/partners/

Q:039　ICOMOSとは，どのような機関ですか？

A:039　イコモス（ICOMOS）とは，国際記念物遺跡会議（International Council of Monuments and Sites）の略称で，人類の遺跡や建造物などの歴史的資産の保存・修復を目的として，1964年のヴェニスでの記念物遺跡保存・修復憲章（Charter for the Conservation and Restoration of Monuments and Sites）の採択を受けて1965年に設立されたパリに本部がある国際的なNGOのことです。大学，研究所，行政機関，コンサルタント会社に籍を置く107か国，約6600人の建築，都市計画，考古学，歴史，芸術，行政，技術などの専門家のワールド・ワイドなネットワークを通じて，文化遺産に推薦された物件の専門的評価や既に世界遺産に登録されている物件の保全状況等を世界遺産委員会に報告しています。尚，日本イコモス国内委員会（委員長　前野まさる氏）は，文化財保存計画協会（〒150-0021　東京都渋谷区恵比寿西1-9-6　☎03-5728-1621）に置かれています。

☞　ICOMOS INTERNATIONAL SECRETARIAT
　　49-51 rue de la Federation -75015 PARIS - FRANCE
　　☎+33（0）1.45.67.67.70　FAX+33（0）1.45.66.06.22
　　http://www.icomos.org/

Q:040　IUCNとは，どのような機関ですか？

A:040　IUCNとは，国際自然保護連合の略称で，自然，特に，生物学的多様性の保全や絶滅の危機に瀕した生物や生態系の調査，環境保全の勧告などを目的とする国際的なNGO（非政府組織）で，絶滅のおそれのある動植物の分布や生息状況を初めて紹介した「レッド・データ・ブック」で有名。自然保護や野生生物保護の専門家のワールド・ワイドなネットワークを通じて，自然遺産に推薦された物件の技術的評価や既に登録されている世界遺産の保全状況を世界遺産委員会に報告しています。

　IUCNは，1948年に設立され，現在，79か国，112政府機関，760の民間団体，それに，181か国の10,000人に及ぶ科学者や専門家などがユニークなグローバル・パートナーシップを構成しており，本部はスイスのグランにあります。
事務局長はアキム・シュタイナー（前世界ダム委員会事務総長）。わが国の場合，外務省，環境省，㈶日本自然保護協会，㈶日本環境協会，㈶海中公園センター，経団連，㈶国立公園協会，熱帯林行動ネットワーク，雁を保護する会，沖縄大学地域研究所，㈶自然環境研究センター，㈶世界自然保護基金日本委員会，㈶日本野鳥の会などが加盟しています。

☞　IUCN　Rue Mauverney 28 CH-1196 Gland, Switzerland　☎001 41 22 9990001
　　http://www.iucn.org/

Q:041　ICCROMとは，どのような機関ですか？

A:041　ICCROM（International Centre for the Study of the Preservation and Restoration of Cultural Property）とは，文化財の保存および修復の研究のための文化財保存修復研究国際センター。ユネスコの世界遺産リストに登録された地域の有形文化財をはじめ無形文化財を含むあらゆる文化遺産の保存に関する専門的なアドバイス，修復作業の水準向上の為の調査研究，研修，技術者の養成，関係機関や専門家との協力，各種ワークショップの組成，メディアでのキャンペーンなどを担う加盟国100か国，世界の先導的な保存機関からの101の準会員からなる国際組織です。1956年のニュー・デリーでの第9回ユネスコ総会では，文化遺産の保護と保存についての関心が高まり，国際的な機関を創立することが決められ，1959年にローマに設立されました。通称，ローマセンターと呼ばれています。わが国は，1967年にICCROMに加盟し，独立行政法人文化財研究所の奈良文化財研究所（Nara National Research Institute for Cultural Properties）が準会員になっています。

☞　ICCROM　13, Via di San Michele　I-00153 Rome, Italy　☎001 39 06 585531　📠001 39 06 58553349
　　http://www.iccrom.org/

Q:042　WHINとは，どのようなネットワークですか？

A:042　WHIN（World Heritage Information Network）とは，ユネスコ世界遺産センター，ICOMOS，IUCN，ICCROMの3助言団体，世界遺産条約締約国，それに，世界遺産地の管理者等を情報源とする世界遺産情報ネットワークのことです。

WHINは，ユネスコ世界遺産センターが主宰しており，世界遺産地（World Heritage sites）のインターネット・サイトとリンクしています。

WHINのパートナーシップに参加する為には，一定の基準とガイドラインがありますが，世界遺産地間の情報交換やコミュニケーションを円滑にすると共に，英語，フランス語，或は，現地語で，一般にも情報開示がされています。

ユネスコ世界遺産センターのインターネットのホーム・ページでは，世界遺産登録物件の，物件名，国名，緯度・経度と行政区分で示した物件所在地，登録年，登録基準，登録時の世界遺産委員会の報告内容，物件の概要，物件の写真について紹介されていますが，更に，詳しい情報を知りたい時には，WHINとリンクしているパートナー機関にもアクセスすることが出来，大変，役立ちます。

しかしながら，地域・国によって，インターネット等の情報環境が十分ではない為に情報格差（Digital Divide）があり，支援，協力が求められるところです。

　　WHIN
　　URL　http:// www.unesco.org/whc/whin/
　　E-mail　whin@unesco.org

Q:043　UNEP WCMCとは，どのような機関ですか？

A:043　WCMCとは，世界自然遺産のデータベースを管理する世界自然保護モニタリング・センターです。WCMCの経緯は，IUCNが1979年に絶滅危惧種を監視する為にイギリスのケンブリッジに事務所を設立，1988年には，世界環境保全戦略の共同プロジェクトとして，IUCN，世界最大の自然保護団体のWWF（世界自然保護基金），それに，UNEP（United Nations Environment Programme 国連環境計画）との合同で，独立非営利法人の世界自然保護モニタリング・センターを創立，2000年には，IUCN，WWF，英国政府の支援のもとにUNEPの管下となりました。WCMCは，種と生態系の保全に関するグローバルな情報を保有しています。世界遺産との関係では，自然遺産については，Natural site datasheet from WCMCとして，国名，物件名，IUCNマネージメント・カテゴリー，地理，歴史，面積，土地の所有者，高度，気候，植生，動物相，保全価値，保全管理，管理状態，スタッフ，予算，住所などを網羅した情報をユネスコ世界遺産センターのホームページとリンクして公開しています。

　　UNEP World Conservation Monitoring Centre
　　219 Huntingdon Road, Cambridge CB3 0DL, United Kingdom
　　☎001 44 1223 277314　FAX 001 44 1223 277136
　　Email　info@wcmc.org.uk
　　URL　http:// www.wcmc.org.uk /index.html

Q:044　OWHCとは，どのような機構ですか？

A:044　OWHCとは，世界遺産都市機構（The Organization of World Heritage Cities）の略称。世界遺産に登録されている物件のうち，人間が居住する歴史的な遺産をもつ都市は数多くあり，人々の日常生活に適した開発計画と遺産の保護・保全との間で，しばしば特別の管理が必要になります。これら各都市の連携と協調を深め，遺産の保護の為の知識や管理，財源などの情報交換を図ることを目的に，恒常的な国際ネットワーク組織として，1993年9月にモロッコのフェスで設立されました。2000年12月現在，ユネスコの世界遺産リストに登録されている174都市（アフリカ　19都市，北米　10都市，南米　19都市，アジア　17都市，ヨーロッパ　75都市）がネットワークに加盟している。本部は，1991年7月に最初の世界遺産都市の国際シンポジウムを招致したカナダのケベック・シティにあります。また，本部事務局の仕事を支援する地域事務所が，北西ヨーロッパ地域については，ノルウェーのベルゲン，中央・東ヨーロッパ地域については，ハンガリーのブダペスト，そして，ラテン・アメリカ地域については，メキシコのグアナファトにあります。総会は2年に1回開催され，理事会は総会で選任された世界の8つの市町村（現在のメンバーは，ベルゲン，キャンディ，サンティアゴ・デ・コンポステーラ，エヴォラ，トレド，チュニス，ルクセンブルグ，プエブラ）の市町村長で構成されています。ユネスコが支援する国際的なネットワークをもつNGOの一つで，ユネスコ世界遺産センター（WHC），ICOMOS，ICCROM，IULA，GCI，歴史都市連盟（本部事務局　京都市），WTO，BITSなどがパートナーになっています。日本は，白川郷・五箇山の合掌集落がある白川村，平村，上平村，古都京都の文化財の京都市，古都奈良の文化財の奈良市が加盟しています。仏語略称OVPM，スペイン語略称OCPM

ケベック歴史地区（カナダ）1985年登録
OWHCの本部があるカナダの世界遺産都市　ケベック・シティ

OWHC／OVPM／OCPM
56 Rue Saint-Pierre Quebec G1K 4A1 Canada　☎001 1 418 692 0000
http://www.ovpm.org/main.asp

Q:045　各国からの推薦物件はすべて世界遺産委員会に推薦されるのですか？

A:045　締約国（State Parties）から推薦された物件は，すべて，世界遺産委員会（World Heritage Committee）に推薦される訳ではなく，事前の世界遺産委員会ビューロー会議（Bureau of the World Heritage Committee）で，IUCNやICOMOSの評価報告書を基に登録基準への適合性，現在そして登録後の保護管理体制についても厳しい審査が行われています。

世界遺産としてふさわしい物件，世界遺産としてはふさわしくない物件，再考すべき物件などの選別が行われます。世界遺産としてふさわしい物件でも，登録条件が付されたり改善へのアドバイスがなされ，世界遺産委員会が開催される迄に，これらへの対応措置を求められることがあります。世界遺産委員会が開催される直近の会議で最終的な調整が行われ，12月の世界遺産委員会で審議・決定されます。

1999年の23回世界遺産委員会の場合，48物件（自然遺産　11物件，文化遺産　35物件，複合遺産　2物件）が登録されましたが，世界遺産委員会ビューロー会議では，締約国からノミネートされた新登録対象物件（除く登録範囲の延長・拡大5物件）の69物件（自然遺産関連　16物件，文化遺産関連　48物件，複合遺産関連　5物件）が事前審査の対象になりました。

2000年の24回世界遺産委員会の場合，61物件（自然遺産　10物件，文化遺産　50物件，複合遺産　1物件）が登録されましたが，世界遺産委員会ビューロー会議では，締約国からノミネートされた新登録対象物件（除く登録範囲の延長・拡大5物件）の72物件（自然遺産関連　12物件，文化遺産関連　56物件，複合遺産関連　4物件）が事前審査の対象になりました。

従って，1999年の23回世界遺産委員会の場合，21物件，2000年の24回世界遺産委員会の場合，11物件が，顕著な普遍的価値（Outstanding Universal Value）の欠如，登録基準への不適合，保護管理体制の不備などの理由によって，世界遺産委員会に推薦されなかったことになります。

また，これ以前に，各締約国から事務局のユネスコ世界遺産センターに提出されたもので，書類の記載事項の不備等を指摘され，各締約国に差し戻された物件もあるでしょうから，各締約国からの推薦物件が，すべて申請通り，世界遺産リストに登録されるとは限らず，厳しいチェックとスクリーニングが段階的に行われることにより，真にユネスコ世界遺産にふさわしい顕著な普遍的価値を有する物件が世界遺産リストに登録されることになります。

また，世界遺産委員会ビューロー会議や世界遺産委員会で，推薦，登録されなかった物件でも，その後，顕著な普遍的価値（Outstanding Universal Value）が証明され，登録基準が適合し，保護管理体制が完備されるなど世界遺産の登録要件が充足されれば，再度，登録申請され，晴れてユネスコ世界遺産になった事例も数多くあります。

世界遺産は，裏も表もなく，顕著な普遍的価値が真正に証明できれば，書類の不備や保護管理体制が杜撰（ずさん）でないかぎり，いずれ認められます。

しかしながら，1999年10月に開催された第12回世界遺産条約締約国の総会で「世界遺産リストの代表性を確保する方法と手段」が決議され，

1) まだ世界遺産リストに十分に登録されていない新たな分野に焦点をあてること
2) 物件の価値を厳格にとらえると共に世界遺産の不均衡是正の対策として登録数の多い国は推薦を自粛すること
3) 推薦国政府が保護に対してその持てる限りの手段で全力を注いでいることの証明が示されるまで登録は差し控えられること

の方針が示されていることに十分留意する必要があります。

世界遺産委員会もワーキング・グループやタスク・フォースで検討を重ねており，世界遺産の選定にあたっては厳選していく方向性で，第27回の世界遺産委員会では新登録物件の数を最高30物件に止めるとの方針を打ち出しています。

☞　● 12th General Assembly of States Parties to the Convention Concerning the Protection of the World Cultural and Natural Heritag　28-29 October 1999　（UNESCO World Heritage Centre）
　● 「世界遺産ガイドー世界遺産条約編ー」（シンクタンクせとうち総合研究機構）

Q:046 世界遺産に登録されると未来永劫なものですか？

A:046 世界遺産は，世界遺産リスト（World Heritage List）に，一度，登録されると未来永劫なものであるかというと必ずしもそうではありません。

世界遺産リストに登録された物件が，何らかの原因や理由で滅失・損傷し回復不可能なまでに損壊し，当初の登録基準を満たさなくなったり，世界遺産を取り巻く状況が大きく変化した場合には，世界遺産リストから削除，抹消されるという手続き（Procedure for the eventual deletion of properties from the World Heritage List）がなされる場合があります。

これまでに，この規定が適用され削除された事例はありませんが，世界遺産は，いつも，見えない危険にさらされており，常日頃からの危険管理などに，努めておく必要があります。

詳しくは，本書の33頁の「世界遺産の潜在危険」で，世界遺産を取り巻く危険因子を例示していますが，物件の自然劣化はもとより，自然災害，人為災害を問わず火災による物件の滅失・損傷，地震，台風，火山の噴火などの自然災害，民族紛争，戦争，計画なき開発事業などの人為災害，地球温暖化，酸性雨，海洋環境の劣化，砂漠化などの地球環境問題など，世界遺産の潜在危険は，計り知れません。

一方，世界遺産のある，いわゆる世界遺産地での固有の課題もあります。例えば，日本の場合，少子・高齢化が進み，過疎化が深刻な中山間地域の町村に至っては，世界遺産を保護・保全し，未来に継承していく為の後継者や人材の不足，或は，世界遺産化により，外部からの観光客が激増し，ゴミの散乱や不審火などのいたずらなど，観光公害ともいえる現象も起っています。

脈々と地道に引き継がれてきた世界遺産も，この様に，瞬時に失われてしまったり，長い年月の内に形状が変化したり，管理する人も不在で，野ざらしになってしまっては，世界遺産としての質も失われてしまいます。

この様な事がない様に，世界遺産は，常に，監視をしておかなければなりませんし，その為に設けられているのが，オペレーショナル・ガイドラインズ（The Operational Guidelines for the Implementation of the World Heritage Convention）の世界遺産登録物件の保全状況のモニタリング（Reactive Monitoring and Periodic Reporting）であり，世界遺産条約締約国は，定期的に世界遺産の保護・管理状況などを世界遺産委員会に報告することを義務づけています。

この事が，ユネスコの世界遺産に登録されることの意義，そして，総体として見た場合の世界遺産リストの質の高さを立証することにもなっているのです。従って，世界遺産条約，それに，その規則を遵守し，常日頃から，世界遺産の保護・保全にあたっていれば，不測の事態が生じた場合には，危機にさらされている世界遺産リストに登録するなどの救済措置も講じられますが，逆に，おざなりにしていれば，世界遺産リストに登録されている物件としてふさわしくない事になり，登録から削除，抹消される事にもなります。

- **The Operational Guidelines for the Implementation of the World Heritage Convention**
  I.ESTABLISHMENT OF THE WORLD HERITAGE LIST
  E.Procedure for the eventual deletion of properties from the World Heritage List
  （**UNESCO World Heritage Centre**）
- 「世界遺産ガイドー世界遺産条約編ー」（シンクタンクせとうち総合研究機構）
- 本書，33頁「世界遺産の潜在危険」 ● General Queries: wh-info@unesco.org

Q:047 世界遺産基金（World Heritage Fund）とは？

A:047 　世界遺産基金（World Heritage Fund）とは，ユネスコの世界遺産リスト（World Heritage List）に登録された物件を国際的に保護・修復することを目的とした基金で，ユネスコの信託基金として設立されています。世界遺産条約が有効に機能している最大の理由は，この世界遺産基金を締約国（State Parties）に義務づけた分担金（ユネスコに対する分担金の1%を上限とする額）や，各国政府の自主的拠出金，団体・機関（法人）や個人からの寄付金を財源に世界遺産の保護・修復に関わる援助金を拠出できることであり，締約国からの要請に基づいて世界遺産委員会（World Heritage Committee）が世界遺産条約履行の為の作業指針に基づいて効果的な国際援助（International Assistance）を行います。

　日本は，世界遺産基金への分担金として，締約時の1993年には，762,080米ドル（1992年／1993年分を含む），その後，1994年 395,109米ドル，1995年 443,903米ドル，1996年 563,178米ドル，1997年，571,108米ドル，1998年 641,312米ドル，1999年 677,834米ドル，2000年 680,459米ドルを拠出しており，現在，世界第1位の拠出国になっています。

　2000年の分担金上位国は，日本 680,459米ドル，イタリア 200,246米ドル，イギリス 187,507米ドル，カナダ 100,626米ドル，スペイン 95,428米ドル，オランダ 60,098米ドル，オーストラリア 54,600米ドル，スイス 44,747米ドル，ベルギー 40,664米ドル，アルゼンチン 40,610米ドルほかとなっています。

　世界遺産基金の総額の規模は，2001年度の予算額は，4,348,000米ドルで，世界遺産リストに推薦すべき世界遺産の**事前調査費用に対する援助**（Preparatory Assistance），大地震等の不慮の事態により危機にさらされている遺産の保護・保存のための**緊急援助**（Emergency Assistance），自然遺産，文化遺産の保護，保全などの研修コースの開催などの**技術者研修**（Training），保護や保全のための機材購入，修復・補修，専門家の派遣などの**技術援助**（Technical co-operation）などに使われています。

　この世界遺産基金は，これまでに，「万里の長城」（中国），「古都アンティグア・グアテマラ」（グアテマラ），「ラ・アミスタッド国立公園」（パナマ）などへの国際援助で実績をあげています。

世界遺産基金（The World Heritage Fund／Fonds du patrimoine mondial）

- ●UNESCO account No. 949-1-191558　　　　　　　　　　　（USドル）
  CHASE MANHATTAN BANK　4 Metrotech Center,Brooklyn,NewYork,NY 11245 USA
  SWIFT CODE:CHASUS33-ABA No.0210-0002-1

- ●UNESCO account No. 30003-03301-00037291180-53　　　（仏フラン）
  Societe Generale　106 rue Saint－Dominique 75007 paris　FRANCE
  SWIFT CODE:SOGE FRPPAFS

- ●郵便振替　00190-4-84705　　　　（円）
  口座名　（社）日本ユネスコ協会連盟
  ※通信欄に「世界遺産基金」への寄付と 明記すること。

- ●世界遺産条約　第15条～第18条
- ●The Operational Guidelines for the Implementation of the World Heritage Convention
  V.WORLD HERITAGE FUND（UNESCO World Heritage Centre）
- ●Funding And Support（UNESCO World Heritage Centre）
- ●「世界遺産Q&A－世界遺産化への道しるべ－」（シンクタンクせとうち総合研究機構）

Q:048　世界遺産基金からの国際援助の種類は？

A:048　世界遺産基金からの国際援助の種類と2001年度の国際援助の対象国と援助額を＜例示＞してみます。

①推薦すべき世界遺産の**事前調査費用**（Preparatory Assistance）に対する援助

＜例示＞	フィリピン	Batanes Archipelago and Ivatan Archaeological Landscape	30,000USドル
	マリ	Askia Tomb in Gao	30,000USドル
	タンザニア	Kondoa Irangi Rock Art Paintings	30,000USドル
	キルギス	Cholpon-Ata Petroglyphs in the Issyk-Kul Basin	23,100USドル
	ニジェール	Air and Tenere	15,000USドル
	ペルー	Dossier for the Historic Centre of Trujillo	15,000USドル
	イスラエル	Dead Sea Basin	15,000USドル
	ケニア	Rift Valley等	

②**緊急援助**（Emergency Assistance）　不慮の事態により危機にさらされている遺跡の保護

＜例示＞	パキスタン	Shalamar Gardens等	50,000USドル

③**技術者研修**（Training）　文化財，自然遺産の保護や保全などの研修コースの開催

　＜例示＞　カメルーン，マラウイ，タンザニア，パキスタン，ノルウェー，ロシア連邦，メキシコなど。

④**技術援助**（Technical Cooperation）　保護や保全のための機材購入，修復・補修，専門家の派遣

＜例示＞	セネガル	Djoudj National Bird Sanctuary	130,475USドル
	コスタ・リカ	Area de Conservacion Guanacaste	40,000USドル
	キューバ	Old Havana and its Fortifications	35,000USドル
	ドミニカ共和国	Historic Centre of Santo Domingo	24,207USドル

アイルとテレネの自然保護区（ニジェール）1991年登録
【危機遺産】1992年登録

グアナカステ保全地域（コスタリカ）1999年登録

オールド・ハバナと要塞（キューバ）1982年登録

Q:049 世界遺産化に向けての資料整備のチェック・ポイントは？

■地図および図面（3種類の地図）

    □推薦物件の正確な位置と隣接する自然環境や建築物を示す1年以内の地図
      1／50000～1／100000

    □推薦物件の範囲を詳細に定め，かつ，推薦物件の位置を明確に示す地図
      1／5000～1／25000
      ● 核心地域（Core Zone）
      ● 緩衝地域（Buffer Zone）
    □推薦物件の法的地域区分を示す地図

■写真資料

    □空撮写真
    □推薦物件の全景写真（内部と外部からのもの）
    □推薦物件の内部から撮影した周辺の都市景観
    □35mm版カラー・スライド・フィルム
    □可能であれば，音声・映像資料

■補足資料

    □推薦物件の保護に関わる機関や組織についての情報

■法的情報

    □推薦物件に関わる法律や政令
    □土地利用計画，都市開発計画，地域開発計画，その他の基本計画

■文献資料

- The Operational Guidelines for the Implementation of the World Heritage Convention
  G. Format and content of nominations　7.Documentation　（UNESCO World Heritage Centre）
- 「世界遺産Q&A－世界遺産化への道しるべ－」（シンクタンクせとうち総合研究機構）

Q:050 世界遺産の保全状況の監視（モニタリング）とは？

A:050 世界遺産に登録された物件の保全状況を監視し，適切な措置を講じることは，世界遺産委員会（World Heritage Committee）の重要な役割の一つです。災害による損壊や，世界遺産の区域内，または，近隣における開発事業，武力紛争などが問題になります。

問題が生じた世界遺産については，ユネスコ世界遺産センター（UNESCO World Heritage Centre）やICOMOSやIUCNなどの助言機関の報告に基づき，世界遺産委員会ビューロー会議（Bureau of the World Heritage Committee），または，世界遺産委員会が保全状況の審査を行い，必要に応じて，締約国に対する是正措置の勧告や実態を調査する為のミッションの派遣などが行われます。

この世界遺産が，重大かつ特別な危険にさらされていて，保全の為に大規模な措置や国際援助が必要な場合には，「危機にさらされている世界遺産」（List of the World Heritage in Danger）に登録されることになります。

締約国は，世界遺産に影響を及ぼす特別な事態が生じたり，工事が計画された場合には，影響調査を含む対応措置（Reactive Monitoring）について報告書を世界遺産委員会に提出しなければなりません。

また，締約国は，自国のとった措置を定期報告（Periodic Reporting）しなければならないほか，各国の世界遺産の保全状況を6年毎に世界遺産委員会の審査を受ける必要があります。

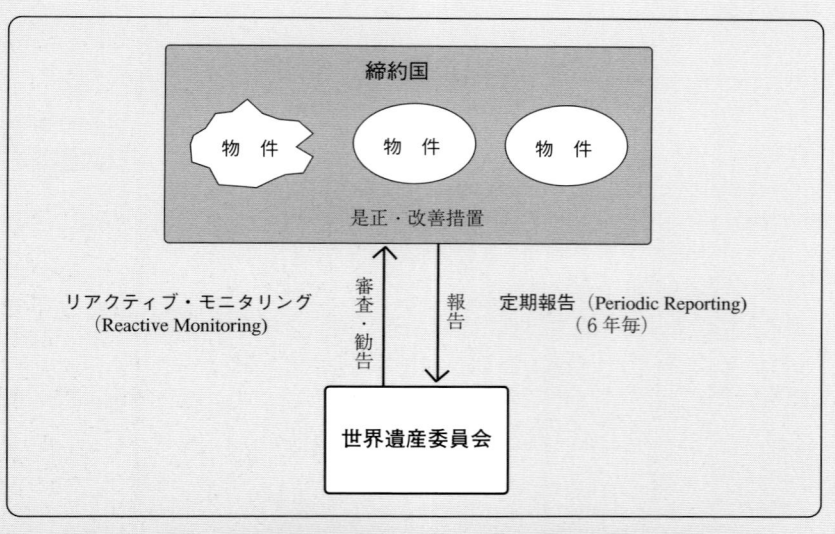

- The Operational Guidelines for the Implementation of the World Heritage Convention
  II. REACTIVE MONITORING AND PERIODIC REPORTING
  （UNESCO World Heritage Centre）
- 「世界遺産ガイド―世界遺産条約編―」（シンクタンクせとうち総合研究機構）

Q:051 世界遺産条約締約国の義務は？

A:051 世界遺産締約国（State Parties）は，自国の領域内に存在する文化遺産及び自然遺産を認定し，保護し，保存し，整備し，及び，将来の世代へ伝えることを確保することが第一義的には自国に課された義務であることを認識する（世界遺産条約第4条）。

締約国は，文化遺産及び自然遺産が世界の遺産であること並びにこれらの遺産の保護について協力することが国際社会全体の義務であることを認識する（同第6条）。
また，締約国は，あらゆる適当な手段を用いて，特に，教育及び広報事業計画を通じて，自国民が文化遺産及び自然遺産を評価し，及び，尊重することを強化するよう努める（同27条）などの義務があります。

世界遺産は，単に，ユネスコの世界遺産に登録され国際的な認知を受けることだけが目的ではありません。人類共通の財産として，国内的にも恒久的に保護し，保存し，整備し，次世代に継承していくことが自国に課された義務でもあります。

また，日本国内の自然環境や文化財が，世界遺産として登録されるということは，あらためて身近な自然や文化を見直す契機になると共に，世界の目からも常に監視されるため，その保護・保全のために，より一層の努力が求められることとその責任を負うということにつながります。

従って，世界遺産の存在意義を国民生活や地域社会のシーンで一定の役割を与えること，そして，世界遺産の持続的な保護・保全，整備のあり方を国土，地域，市町村の総合計画，環境基本計画，地域防災計画などの諸計画，それに，環境条例，景観条例などの諸条例にも反映させていくと同時に地域振興にも活用していくことが重要です。

世界遺産は，世界遺産地を国内外にアピールできる絶好の機会となることも確かですが，世界のお手本を学んでいくことを通じ，自分達の環境をグローバルな視点から見つめ直し，21世紀の国土づくりや地域づくりに反映していくことができれば，社会的にも大変意義のあることです。

世界遺産地であることを示す銘板
ルクセンブルク旧市街（1994年登録）
写真は，ボックの砲台

世界遺産登録を記念して作られた石碑
厳島神社（1996年登録）

- 「世界遺産マップス—地図で見るユネスコの世界遺産—2001改訂版」（シンクタンクせとうち総合研究機構）
- 「世界遺産データ・ブック2001年版—」（シンクタンクせとうち総合研究機構）

世界遺産Q&A－世界遺産の基礎知識－

Q:052　ユネスコの世界遺産は，日本には，いくつありますか？

A:052　わが国には，ユネスコの世界遺産は，2001年8月1日現在，11物件（自然遺産が2物件，文化遺産が9物件）あります。これらを北から見てみると，世界最大級のブナ原生林の「白神山地」（自然遺産・1993年），「日光の社寺」（文化遺産・1999年），日本の心のふるさとともいえるノスタルジックな「白川郷・五箇山の合掌造り集落」（文化遺産・1995年），かつて日本の首都平安京であった「古都京都の文化財」（文化遺産・1994年），世界最古の木造建造物のある「法隆寺地域の仏教建造物」（文化遺産・1993年），「古都奈良の文化財」（文化遺産・1998年），日本を代表する城郭建築の「姫路城」（文化遺産・1993年），人類史上初めて使用された核兵器の惨禍を伝える「広島の平和記念碑（原爆ドーム）」（文化遺産・1996年），日本三景の一つ宮島の「厳島神社」（文化遺産・1996年），樹齢7200年といわれる縄文杉のある「屋久島」（自然遺産・1993年），一つの国家として独自の文化と歴史を刻んだ「琉球王国のグスク及び関連遺産群」（文化遺産・2000年）という分布になっています。

これらの物件に共通することは，どんなに立派な現代建築物や人工の公園にも模倣の出来ない日本の原風景，本物の粋美や主張をそれぞれに発見することができます。

❶**法隆寺地域の仏教建造物**　奈良県生駒郡斑鳩町
　文化遺産（登録基準（ⅰ）（ⅱ）（ⅳ）（ⅵ））　1993年
❷**姫路城**　兵庫県姫路市本町
　文化遺産（登録基準（ⅰ）（ⅳ））　1993年
❸**屋久島**　鹿児島県熊毛郡屋久町，上屋久町
　自然遺産（登録基準（ⅱ）（ⅲ））　1993年
❹**白神山地**　青森県西津軽郡，中津軽郡　秋田県山本郡
　自然遺産（登録基準（ⅱ））　1993年
❺**古都京都の文化財（京都市　宇治市　大津市）**
　京都府京都市，宇治市，滋賀県大津市
　文化遺産（登録基準（ⅱ）（ⅳ））　1994年
❻**白川郷・五箇山の合掌造り集落**
　岐阜県大野郡白川村，富山県東礪波郡平村，上平村
　文化遺産（登録基準（ⅳ）（ⅴ））　1995年
❼**広島の平和記念碑（原爆ドーム）**　広島県広島市中区大手町
　文化遺産（登録基準（ⅵ））　1996年
❽**厳島神社**　広島県佐伯郡宮島町
　文化遺産（登録基準（ⅰ）（ⅱ）（ⅳ）（ⅵ））　1996年
❾**古都奈良の文化財**　奈良県奈良市
　文化遺産（登録基準（ⅱ）（ⅲ）（ⅳ）（ⅵ））　1998年
❿**日光の社寺**　栃木県日光市
　文化遺産（登録基準（ⅰ）（ⅳ）（ⅵ））　1999年
⓫**琉球王国のグスク及び関連遺産群**
　沖縄県（国頭郡今帰仁村，中頭郡読谷村，中頭郡勝連町，中頭郡北中城村・中城村，那覇市，島尻郡知念村）　文化遺産（登録基準（ⅱ）（ⅲ）（ⅵ））　2000年

☞　「世界遺産ガイド　－日本編－　2001改訂版」（シンクタンクせとうち総合研究機構）

Q:053 日本の世界遺産はどこにありますか？

A:053 日本の世界遺産の位置を地図で示すと下のようになります。

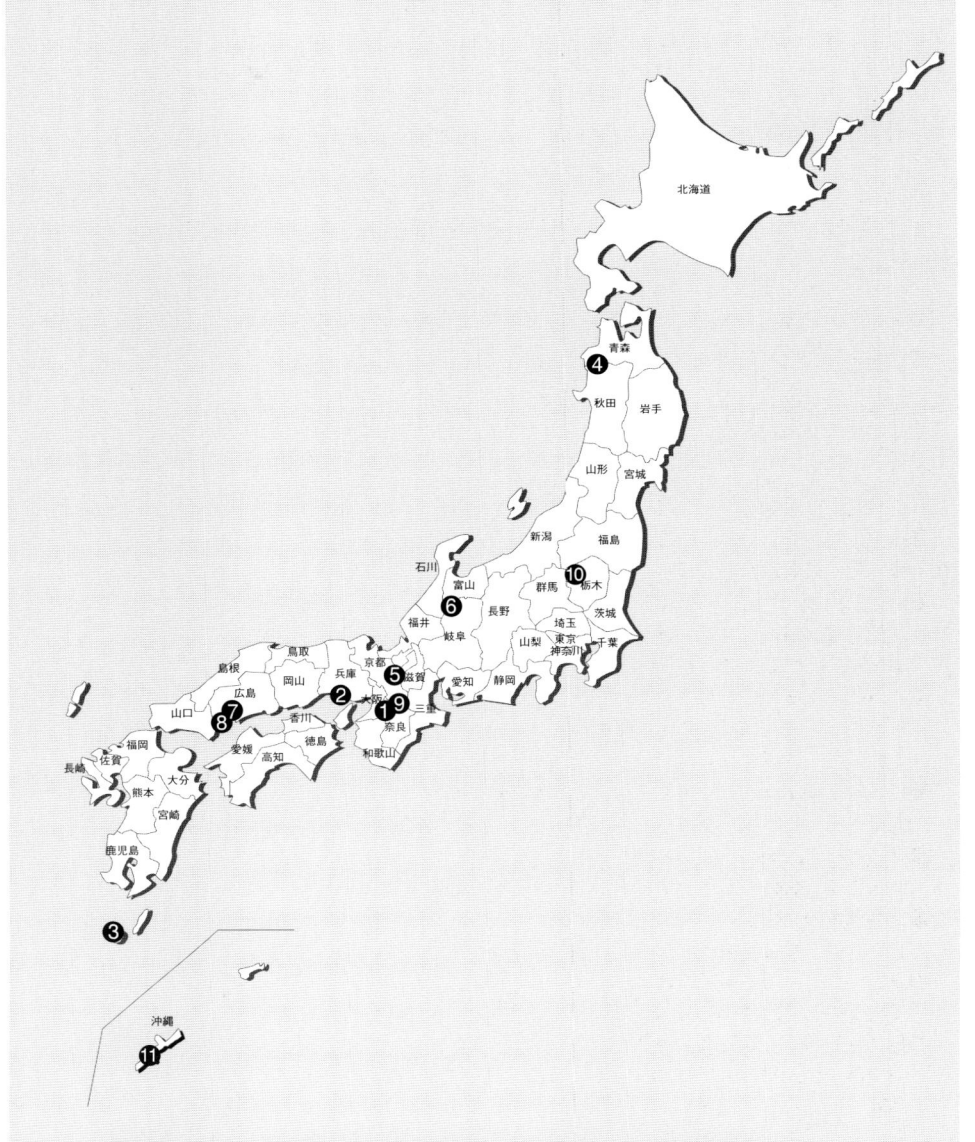

「世界遺産ガイド－日本編－2001改訂版」（シンクタンクせとうち総合研究機構）

Q:054　日本の世界遺産と登録基準が同じ物件は？

A:054　日本の世界遺産と登録基準が同じ物件を整理して見ると次のようになります。どのような点に類似点と相違点があるのか考えてみましょう。(◎は，複合遺産)

自然遺産　登録基準 (ii)
白神山地（日本），イースト・レンネル（ソロモン諸島），ハワイ火山国立公園（アメリカ合衆国）

自然遺産　登録基準 (ii) (iii)
屋久島（日本），フレーザー島，◎ウルル・カタジュタ国立公園（オーストラリア），◎トンガリロ国立公園（ニュージーランド），ガラホナイ国立公園（スペイン），プリトビチェ湖群国立公園（クロアチア），シュコチアン洞窟（スロヴェニア），コミの原生林（ロシア），◎タッシリ・ナジェール（アルジェリア），ケニア山国立公園／自然林（ケニア），サロンガ国立公園（コンゴ民主共和国），ヴィクトリア瀑布（モシ・オア・トゥニャ）（ザンビア／ジンバブエ），ナハニ国立公園（カナダ），ウォータートン・グレーシャー国際平和公園（アメリカ合衆国／カナダ），オリンピック国立公園，レッドウッド国立公園（アメリカ合衆国），ロス・グラシアレス（アルゼンチン），ワスカラン国立公園，◎マチュ・ピチュの歴史保護区（ペルー）

文化遺産　登録基準 (i) (ii) (iv) (vi)
法隆寺地域の仏教建造物，厳島神社（日本），アイアンブリッジ峡谷，グリニッジ海事（イギリス），ピサのドゥオーモ広場（イタリア），ミディ運河（フランス），ローマ歴史地区，法皇聖座直轄領，サンパオロ・フォーリ・レ・ムーラ教会（イタリア／ヴァチカン），アーヘン大聖堂（ドイツ），ヴァチカン・シティー（ヴァチカン），ストゥデニカ修道院（ユーゴスラビア連邦共和国），クレムリンと赤の広場，サンクトペテルブルク歴史地区と記念物群（ロシア），古都グアナファトと近隣の鉱山群（メキシコ）

文化遺産　登録基準 (i) (iv)
姫路城（日本），プランバナン遺跡群（インドネシア），ディヴリイの大モスクと病院（トルコ），石窟庵と仏国寺（韓国），バールベク（レバノン），ファウンティンズ修道院跡を含むスタッドリー王立公園（イギリス），シェーンブルン宮殿と庭園（オーストリア），ダフニ修道院，オシオス・ルカス修道院とヒオス島のネアモニ修道院（ギリシャ），バレンシアのロンハ，ポブレットの修道院（スペイン），テルチ歴史地区（チェコ），ビュルツブルクのレジデンツ宮殿，ランメルスベルク旧鉱山と古都ゴスラー（ドイツ），ナンシーのスタニスラス広場，カリエール広場，アリャーンス広場，ブールジュ大聖堂（フランス），アルコバサのサンタマリア修道院（ポルトガル），オロモウツの聖三位一体の塔（チェコ），モルダヴィアの教会群（ルーマニア），フェラポントフ修道院の建築物群（ロシア），アクスム，ティヤの彫刻墓石（エチオピア），ポルトベロ サン・ロレンソ要塞（パナマ），大学都市カラカス（ベネズエラ），アレキパの歴史地区（ペルー），ブラジリア，コンゴーニャスのボン・ゼズス聖域（ブラジル）

文化遺産　登録基準 (i) (iv) (vi)
日光の社寺（日本），曲阜の孔子邸，孔子廟，孔子林，ラサのポタラ宮と大昭寺（中国），シャーロッツビルのモンティセロとヴァージニア大学（アメリカ合衆国）

文化遺産　登録基準 (ii) (iii) (vi) (vi)
古都奈良の文化財（日本），ハトラ（イラク），盧山国立公園（中国），デロス（ギリシャ），ヴォルビリスの考古学遺跡（モロッコ）

文化遺産　登録基準（ⅱ）（ⅲ）（ⅵ）
<u>琉球王国のグスク及び関連遺産群（日本）</u>，トロイ遺跡（トルコ），アヌラダプラの古跡（スリランカ），エルサレム旧市街と城壁（ヨルダン推薦物件），ザルツカンマーグート地方のハルシュタットとダッハシュタインの文化的景観（オーストリア），カルタゴの考古学遺跡（チュニジア），キュレーネの考古学遺跡（リビア），ザンジバルのストーン・タウン（タンザニア）

文化遺産　登録基準（ⅱ）（ⅳ）
<u>古都京都の文化財（日本）</u>，フマユーン廟，ダージリン・ヒマラヤ鉄道（インド），承徳の避暑山荘と外八廟，麗江古城（中国），ロータス要塞（パキスタン），フィリピンのバロック様式の教会群，ヴィガンの歴史都市（フィリピン），ハフパットとサナヒンの修道院（アルメニア），エディンバラの旧市街・新市街，ブレニム宮殿，ロンドン塔（イギリス），ナポリ歴史地区，ウルビーノ歴史地区，ヴェローナ市街（イタリア），ターリン歴史地区（旧市街）（エストニア），スコースキュアコゴーデン，カールスクルーナの軍港（スウェーデン），ザンクトガレンの大聖堂（スイス），アルカラ・デ・エナレスの大学と歴史地区，サン・クリストバル・デ・ラ・ラグーナ（スペイン），クトナ・ホラ 聖バーバラ教会とセドリックの聖母マリア聖堂を含む歴史地区，ホラソヴィツェの歴史的集落保存地区，クロメルジーシュの庭園と城，リトミシュル城（チェコ），ロスキレ大聖堂（デンマーク），ブリュールのアウグストスブルク宮殿とファルケンルスト城，フェルクリンゲン製鉄所，バンベルクの中世都市遺構，マウルブロンのシトー派修道院群，ムゼウムスインゼル（博物館島），デッサウ-ヴェルリッツの庭園王国（ドイツ），ブリュッセルのグラン・プラス，フランドル地方とワロン地方の鐘楼，トゥルネーのノートル・ダム大聖堂（ベルギー），センメリング鉄道，グラーツの歴史地区，ヴァッハウの文化的景観（オーストリア），ブダペスト，ブダ城地域とドナウ河畔（ハンガリー），アルルのローマおよびロマネスク様式の建築群，カルカソンヌ歴史城塞都市，リヨン歴史地区（フランス），トルン中世都市，カルヴァリア ゼブジドフスカ（ポーランド），エボラ歴史地区（ポルトガル），トロギール歴史都市（クロアチア），ヴィリニュス歴史地区（リトアニア），ミール城の建築物群（ベラルーシ），セルギエフ・ポサドにあるトロイツェ・セルギー大修道院の建造物群（ロシア），サン・ルイ島（セネガル），キト旧市街（エクアドル），ポポカテペトル山腹の16世紀初頭の修道院群，サカテカス銀山遺構，ケレタロ歴史地区，プエブラ歴史地区，トラコタルパンの歴史的建造物地域（メキシコ），オリンダ歴史地区，ディアマンティナの歴史地区（ブラジル），コルドバのイエズス会街区と領地（アルゼンチン）

文化遺産　登録基準（ⅳ）（ⅴ）
<u>白川郷・五箇山の合掌造り集落（日本）</u>，クレスピ・ダッダ（イタリア），アッパー・スヴァネチ（グルジア），ハンザ同盟の都市ヴィスビー（スウェーデン），バンスカー・シュティアヴニッツァ，ヴルコリニェツの伝統建造物保存地区（スロヴァキア），ホルトバージ国立公園（ハンガリー），エーランド島南部の農業景観（スウェーデン），ラウマ旧市街（フィンランド），アイットベンハドゥ（モロッコ），ルーネンバーグ旧市街（カナダ），オールド・ハバナと要塞，サンティアゴ・デ・クーバのサン・ペドロ・ロカ要塞，トリニダードとインヘニオス渓谷（キューバ），サンタ・クルーズ・デ・モンポスの歴史地区（コロンビア），コロとその港（ベネズエラ），チキトスのイエズス会伝道施設（ボリビア）

文化遺産　登録基準（ⅵ）
<u>広島の平和記念碑（原爆ドーム）（日本）</u>，◎トンガリロ国立公園（ニュージーランド），リラ修道院（ブルガリア），アウシュヴィッツ強制収容所（ポーランド），ボルタ，アクラ，中部，西部各州の砦と城塞（ガーナ），ゴレ島（セネガル），独立記念館，サン・ファン歴史地区とラ・フォルタレサ（アメリカ合衆国），ヘッド・スマッシュト・イン・バッファロー・ジャンプ，ランゾー・メドーズ国立歴史公園（カナダ）

☞「世界遺産データ・ブック　－2001年版－」（シンクタンクせとうち総合研究機構）

Q:055 日本政府が推薦している暫定リストに記載されている物件は？

A:055 世界遺産締約国は，世界遺産委員会から5〜10年以内に世界遺産に登録する為の推薦候補物件について，暫定リスト（Tentative List）の目録を提出することが求められています。わが国は，既に世界遺産リストに登録された11物件の他に，「古都鎌倉の寺院・神社」，「彦根城」の2物件がノミネートされていますが，2000年9月22日 文化財保護審議会（現 文化審議会）は，ユネスコの世界遺産の候補といえる「暫定リスト」への追加対象を検討するための特別委員会を設置することを決定。2000年9月27日，文化財保護審議会世界遺産条約特別委員会（座長坪井清足元興寺文化財研究所所長）の初会合が開催され，ユネスコ世界遺産センターに提出する「暫定リスト」への追加対象について検討され，2000年11月17日に，「平泉の文化遺産」，「紀伊山地の霊場と参詣道」，「石見銀山遺跡」の3物件が選定され，2001年3月に外務省を通じてユネスコ世界遺産センターに新たな暫定リストが提出されました。

＜日本の5つの暫定リスト記載物件＞
- Temples,Shrines and other structures of Ancient Kamakura（古都鎌倉の寺院・神社ほか）　神奈川県
- Hikone-Jo（castle）（彦根城）　滋賀県
- Historic Monuments and Sites of Hiraizumi（平泉の文化遺産）　岩手県
- Sacred Sites and Pilgrimage Routes in the Kii Mountain Range,and the Cultural Landscapes that Surround Them（紀伊山地の霊場と参詣道）　和歌山県・奈良県・三重県
- Historic Silver Mine of Iwami Ginzan（石見銀山遺跡）　島根県

紀伊山地の霊場と参詣道
写真は，高野山（奥の院）

平泉の文化遺産
写真は，中尊寺（金色堂）

Q:056 暫定リスト (Tentative List) の推薦書式は？

Model for Presenting a Tentative List
(「暫定リスト」提出に際しての書式)

Name of country （国名） _____
List drawn up by （作成者） _____
Date （日付） _____

■NAME OF PROPERTY （物件名）
■GEOGRAPHICAL LOCATION （物件所在地）
■DESCRIPTION （概要）
■JUSTIFICATION OF "OUTSTANDING UNIVERSAL VALUE"
（「顕著な普遍的価値」の正当性）

　　□Criteria met： （当該登録基準）
　　□Assurances of authenticity or integrity： （真正性，或は，完全性の証）
　　□Comparison with other similar properties： （他の類似物件との比較）

（注）Authenticity（オーセンティシティ）とは，広義では本物で真正なこと。
　　主に，遺跡，建造物，モニュメントなどの文化遺産がもつ芸術的，歴史的な
　　真正な価値のことをいう。

- The Operational Guidelines for the Implementation of the World Heritage Convention
  (UNESCO World Heritage Centre)
- 「世界遺産ガイド－世界遺産条約編－」（シンクタンクせとうち総合研究機構）

Q:057 世界遺産化への可能性についてのチェック・ポイントは？

A:057 世界遺産の要件や登録手順については，前述した通りですが，私共の講演での質問や事務局に寄せられる相談のなかで，特に多いのが，**世界遺産化への可能性**についてのものです。現在，世界遺産は，690物件ありますが，世界遺産化への可能性を検討する上で前提になるのが，その物件が，顕著な普遍的価値（Outstanding Universal Value）をもつ真正（authentic）で信頼できる世界に通用するものであることを立証する必要があることです。

第一段階として，これらの物件との類似点や相違を見つけ出していくことです。自然遺産には，4つの，文化遺産には，6つの登録基準があります。従って，前者には，15通りの，後者には，64通りの登録パターンがあることになります。まず，これらのグループに属する物件と保護・保全の状況も含めて比較分析してみるとわかりやすいと思います。（詳しくは，「**世界遺産データ・ブック－2001年版－**」を参考にして下さい）

第二段階としては，世界遺産としての価値を将来にわたって継承していく為に，現行の自然公園法（国立公園，国定公園，都道府県立自然公園），自然環境保全法，森林法，あるいは，文化財保護法（国宝・重要文化財，史跡・名勝・天然記念物・重要伝統的建造物群などに指定・選定された建造物や記念物など）などの法的保護や管理措置が講じられているかどうかという確認です。

第三段階としては，世界遺産化への取り組みをどのような体制でどのように推進していくかということです。最終的には地元の住民や自治体の熱意とコンセンサスが結集したものになるはずですが，誰が発意し，どのようなタイム・スケジュールで世界遺産化を進めていくかということになります。この点については，本書の58頁で示した「原爆ドーム」の世界遺産化（国会請願165万署名が世界遺産化推進の原動力となった）を実現した「原爆ドームの世界遺産化をすすめる会」の事例が大変参考になります。

例えば，わが国を代表する名山である富士山。富士山は何故に世界遺産になれないのでしょうか？顕著な普遍的価値がないのでしょうか，或は，世界遺産の登録基準に適合しないからでしょうか，或は，恒久的な保護管理措置が講じられていないからでしょうか？

2000年11月17日に開催された文化財保護審議会（現 文化審議会）の世界遺産条約特別委員会で，「富士山は古来より霊峰富士として聞こえ，富士信仰が伝えられると共に，遠方より望む秀麗な姿が多くの芸術作品の主題となるなど，日本人の信仰や美意識などと深く関連しており，また，今日に至るまで人々に畏敬され，感銘を与え続けてきた日本を代表する名山であり，顕著な価値を有する文化的景観として評価することができると考えられる。富士山のこのような面については，今後，多角的・総合的な調査研究の深化と共に，その価値を守る為の国民の理解と協力が高まることを期待し，できるだけ早期に世界遺産に推薦できるよう強く希望する」という意見が出されています。

富士山

Q:058　世界遺産化による地域波及効果は？

A:058　世界遺産化による**地域波及効果**は，何といっても，世界遺産化によって世界的知名度の向上があげられます。地元の住民，行政，企業とって，どのようなプラスの波及効果があるのか，例示してみたいと思います。

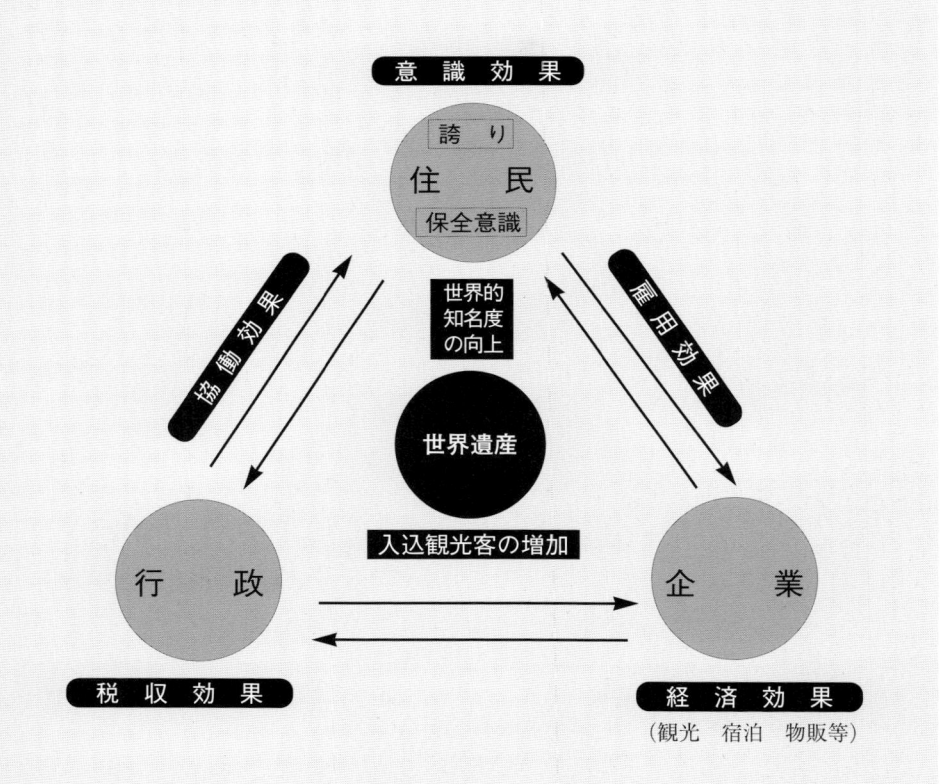

```
                    意 識 効 果
                    ┌─────────┐
                    │  誇 り  │
                    │  住 民  │
                    │ 保全意識 │
                    └─────────┘
               協              雇
               働   世界的知名度   用
               効     の向上      効
               果                果
                     世界遺産
                  入込観光客の増加
         行 政  ────────────→  企 業
                ←────────────
         税 収 効 果              経 済 効 果
                              （観光　宿泊　物販等）
```

☞　「世界遺産入門　ー地球と人類の至宝ー」（シンクタンクせとうち総合研究機構）
　　「誇れる郷土ガイドー東日本編」（シンクタンクせとうち総合研究機構）
　　「誇れる郷土ガイドー西日本編」（シンクタンクせとうち総合研究機構）

世界遺産Q&A－世界遺産の基礎知識－

Q:059　世界遺産の産業への波及効果は？

A:059　世界遺産の産業への波及効果は，テレビやラジオの番組を制作する放送業界，書籍，雑誌，CD-ROMなどを発行する出版業界，展覧会や展示会などを企画する広告・イベント業界，そして，世界遺産ツアーなど国内外の旅行を主催する旅行業界などでも世界遺産を題材にした企画が増えており，新たな文化産業やマルチ・メディア産業へと広がりを見せています。その市場規模は，2000億円ともいわれています。

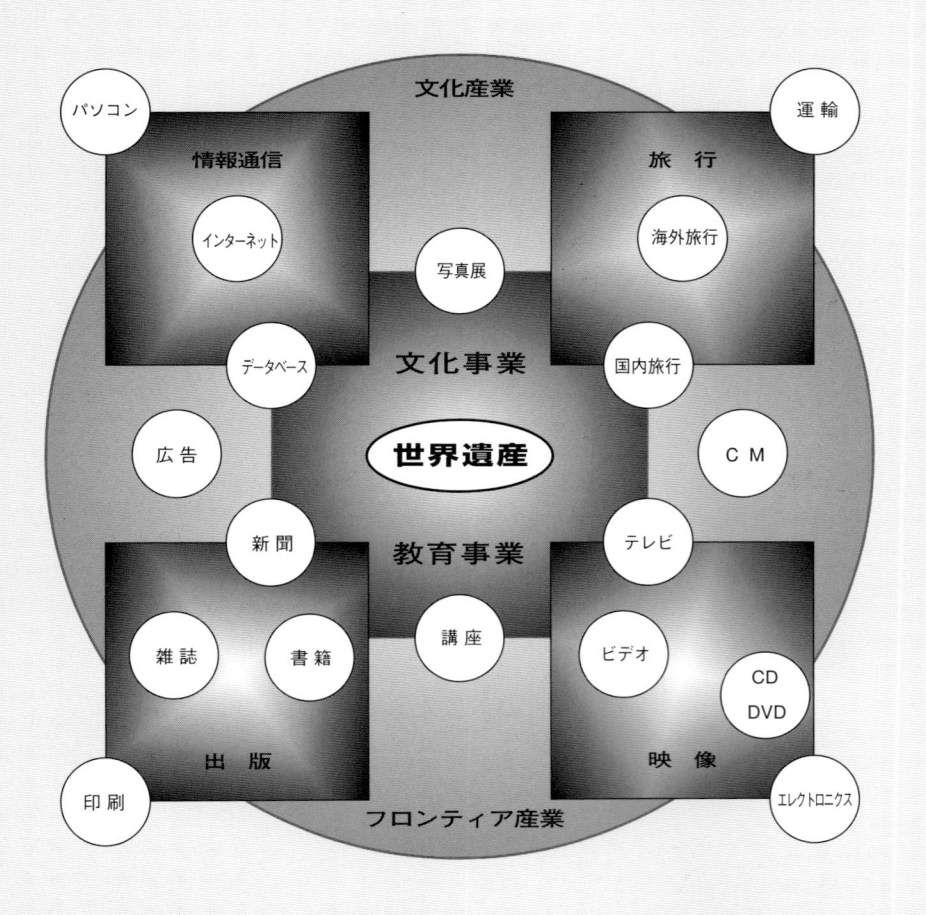

図中テキスト：
- 文化産業
- 情報通信：パソコン、インターネット、データベース
- 旅行：運輸、海外旅行、国内旅行
- 写真展
- 文化事業
- 世界遺産
- 広告、新聞
- CM、テレビ
- 教育事業
- 講座
- 出版：雑誌、書籍、印刷
- 映像：ビデオ、CD DVD、エレクトロニクス
- フロンティア産業

「DIME」1998年8月6日号（小学館）
「世界遺産入門　－地球と人類の至宝－」（シンクタンクせとうち総合研究機構）

世界遺産Q&A－世界遺産の基礎知識－

Q:060　世界遺産化によって観光客はどのように増えていますか？

A:060　一概に言えませんが，白川郷（白川村），厳島神社（宮島町），日光市，それに，沖縄県那覇市の首里城公園への観光入込客数推移を検証してみることにしましょう。

観光入込客推移

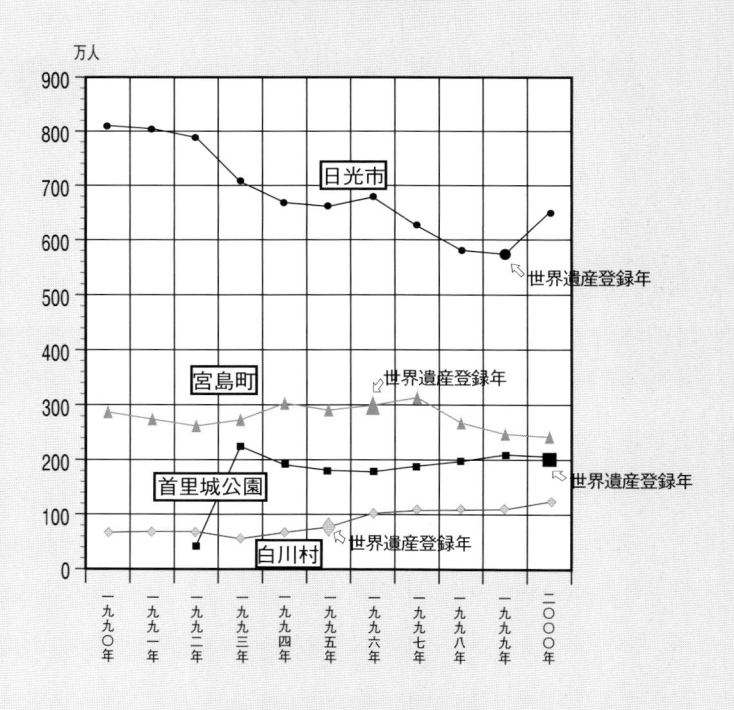

（注）首里城公園は，1992年11月一般公開

（出所）白川村商工観光課，広島県商工労働部観光交流課，日光市観光商工課，首里城公園管理センター

☞「世界遺産ガイド－日本編－2001改訂版」（シンクタンクせとうち総合研究機構）

83

Q:061　世界遺産をいかに国土づくりに生かしていくべきですか？

A:061　世界遺産は，単に，ユネスコの世界遺産に登録され国際的な認知を受けることだけが目的ではありません。人類の財産として，国内的にも恒久的に保護・保存し，整備し，次世代に継承していくことが自国に課された義務でもあります。　従って，世界遺産の存在意義を国民生活や地域社会のシーンで一定の役割を与えること，そして，世界遺産の持続的な保護・保全，整備のあり方を国土，地域，市町村の総合計画，環境基本計画，地域防災計画などの諸計画にも反映させていくと同時に，地域振興にも活用していくことが重要です。

　西暦2001年1月1日から21世紀は幕開けしました。国土庁（現 国土交通省）が策定した「21世紀の国土のグランドデザインー新しい全国総合開発計画」は，「地域の自立の促進と美しい国土の創造」を基本的なコンセプトにしています。21世紀の国土づくりは，従来の開発優先の考え方から，自然環境や文化財，それに，これまでに造り上げてきたものを大切に保全し，あるいは，利活用していく考え方に転換していくのではないかと思われます。

☞　「21世紀の国土のグランドデザイン　ー地域の自立の促進と美しい国土の創造ー」
　　国土交通省・国土計画局総合計画課　〒100-8918　東京都千代田区霞ヶ関2-1-3　☎03-5253-8111
　　（内線29-365）

Q:062　世界遺産をいかに地域づくりに生かしていくべきですか？

A:062　日本の世界遺産地には，豪雪地帯，山村，離島など地理的にもハンディキャップがあり，また，過疎・高齢化による後継者難など数多くの問題を抱えている所もあります。世界遺産化を弾みにして，演劇，音楽，工芸技術などの無形文化財，年中行事，民俗芸能などの民俗文化財などの地域資産を生かし，独自の価値観に基づく新たな地域づくりも始まっています。

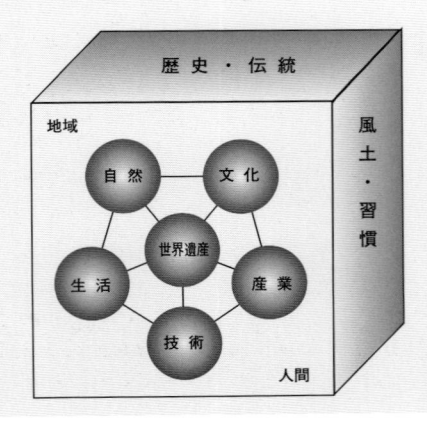

といい
世界遺産Q&A－世界遺産の基礎知識－

Q:063 　世界遺産は時代を超越している？

A:063 　ユネスコの世界遺産は，アワッシュ川下流域，オモ川下流域（エチオピア），スタークフォンテン，スワークランズ，クロムドラーイと周辺の人類化石遺跡（南アフリカ），周口店の北京原人出土地（中国），ジャワ原人の化石が発掘されたサンギラン初期人類遺跡（インドネシア），ストーンヘンジ・エーブベリーおよび周辺の巨石遺跡（イギリス），アルタミラ洞窟（スペイン），ヴェゼール渓谷の装飾洞穴（フランス）など人類の起源ともいえる先史時代の遺跡から，今世紀のものでは，スホクランドとその周辺（オランダ），スコースキュアコゴーデン（スウェーデン），バウハウス（ワイマールおよびデッサウ）（ドイツ），それに，人類が犯した過ちの証明ともいえるアウシュヴィッツ強制収容所（ポーランド）や広島の原爆ドーム（日本），一方においては，1960年4月にリオデジャネイロからの遷都で誕生したブラジルの首都ブラジリアの都市計画と現代建築物に至るまで時代を超越したものです。

ヴェゼール渓谷の装飾洞穴（フランス）1979年登録
ラスコー洞窟の壁には，1～3万年前の先史時代に描かれた動物の彩色画が100以上も残っている。

ブラジリア（ブラジル）1987年登録

Q:064　世界遺産リストに登録されている近代遺産は？

A:064　世界遺産リストに登録されている近代遺産（Modern Heritage）は下記の通りです。

世界遺産リストに登録されている20世紀の都市・建築

ブラジリア　文化遺産　1987年登録　ブラジル
スコースキュアコゴーデン　文化遺産　1994年登録　スウェーデン
ワイマールおよびデッサウにあるバウハウスと関連遺産群　文化遺産　1996年登録　ドイツ
バルセロナのカタルーニャ音楽堂とサン・パウ病院　文化遺産　1997年登録　スペイン
オルタ・ハウス　文化遺産　2000年登録　ベルギー
リートフェルト・シュレーダー邸　文化遺産　2000年登録　オランダ
カラカスの大学都市　文化遺産　2000年登録　ヴェネズエラ

関連物件
アウシュヴィッツ強制収容所　文化遺産　1979年登録　ポーランド
広島の平和記念碑（原爆ドーム）　文化遺産　1996年登録　日本

世界遺産リストに登録されている19世紀の都市・建築

シタデル，サン・スーシー，ラミエール国立歴史公園　文化遺産　1982年登録　ハイチ
バルセロナのグエル公園，グエル邸，カサ・ミラ　文化遺産　1984年登録　スペイン
自由の女神像　文化遺産　1984年登録　アメリカ合衆国
トリニダードとインヘニオス渓谷　文化遺産　1988年登録　キューバ
イチャン・カラ　文化遺産　1990年登録　ウズベキスタン
ポツダムとベルリンの公園と宮殿　文化遺産　1990, 1992, 1999年登録　ドイツ
フエの建築物群　文化遺産　1993年登録　ベトナム
ルアン・プラバンの町　文化遺産　1995年登録　ラオス
クレスピ・ダッダ　文化遺産　1995年登録　イタリア
アムステルダムの防塞　文化遺産　1996年登録　オランダ
オスピシオ・カバニャス　文化遺産　1997年登録　メキシコ
北京の頤和園　文化遺産　1998年登録　中国
ムゼウムスインゼル（博物館島）　文化遺産　1999年登録　ドイツ

世界遺産リストに登録されている産業遺産

フェルクリンゲン製鉄所　文化遺産　1994年登録　ドイツ
ヴェルラ製材製紙工場　文化遺産　1996年登録　フィンランド
センメリング鉄道　文化遺産　1998年登録　オーストリア
ルヴィエールとルルーにあるサントル運河の4つの閘門と周辺環境　文化遺産　1998年登録　ベルギー
D.F.ウォーダ蒸気揚水ポンプ場　文化遺産　1998年登録　オランダ
ダージリン・ヒマラヤ鉄道　文化遺産　1999年登録　インド
ブレナヴォンの産業景観　文化遺産　2000年登録　イギリス

☞　「世界遺産ガイド　−産業遺産編−」（シンクタンクせとうち総合研究機構）

Q:065 世界遺産はボーダーレスなものですか？

A:065 世界遺産は，地勢的にはボーダーレスなものです。世界遺産は，締約国の国家の主権のおよぶ領域（領土，領海，領空）内のものですが，地理的，地勢的に見た場合，2つ以上の国および地域にまたがるものは，現在，13物件あります。

ローマ歴史地区，法皇聖座直轄領，サンパオロ・フォーリ・レ・ムーラ教会（イタリアとヴァチカン），ピレネー地方ーペルデュー山（フランスとスペイン），サンティアゴ・デ・コンポステーラへの巡礼道（スペインとフランス），ビャウォヴィエジャ国立公園／ベラベジュスカヤ・プッシャ国立公園（ベラルーシとポーランド），アッガテレクの洞窟群とスロバキア石灰岩大地（ハンガリーとスロバキア），クルシュ砂州（リトアニアとロシア），ニンバ山厳正自然保護区（ギニアとコートジボアール），ヴィクトリア瀑布（ザンビアとジンバブエ），クルエーン／ランゲルーセントエライアス／グレーシャーベイ／タッシェンシニ・アルセク（カナダとアメリカ合衆国），ウォータートン・グレーシャー国際平和自然公園（カナダとアメリカ合衆国），タラマンカ地方ーラ・アミスタッド保護区群／ラ・アミスタッド国立公園（コスタリカとパナマ），グアラニー人のイエズス会伝道所（アルゼンチンとブラジル），イグアス国立公園（アルゼンチンとブラジル）。

このうちイグアス国立公園は，アルゼンチンが1984年に，ブラジルが1986年に，サンティアゴ・デ・コンポステーラへの巡礼道は，スペインが1985年に，フランスが1998年に，それぞれの国の物件として登録されています。

後述する日本の世界遺産の中でも，白神山地（青森県と秋田県），白川郷・五箇山の合掌造り集落（岐阜県と富山県），古都京都の文化財（京都府の京都市，宇治市と滋賀県の大津市）は，行政区域の県境や市町境を越えて立地しています。

このように世界遺産には，脈々とした自然の造形物もあり，或は，時空を超えた歴史文化の街道でもあります。世界遺産は，既存の国境，県境，市町境などの行政区域を越えた顕著な普遍的価値をもつ地球と人類の至宝なのです。

ローマーヴァチカン市国
世界最大の規模を誇るカトリックの総本山サン・ピエトロ
（Basilica di S.Pietro）大寺院を望む

「世界遺産入門 ー地球と人類の至宝ー」（シンクタンクせとうち総合研究機構）

Q:066　世界遺産学とは？

A:066　仮に，**世界遺産学**という学問があるとするならば，ユネスコの世界遺産はきわめて学際的（Interdisciplinary）で博物学的なものです。自然学，地理学，地形学，地質学，生物学，生態学，人類学，考古学，歴史学，民族学，民俗学，宗教学，言語学，都市学，建築学，芸術学，国際学など地球と人類の進化の過程を学ぶ総合学問であり，**生涯学習**（Lifelong Learning）のテーマの一つとして選択されてみても興味の尽きないものです。

　世界遺産を有する国も120か国を越えています。各々の国で，地勢，気候，言語，民族，宗教，歴史など成り立ちも異なりますが，それぞれに，すばらしい芸術，音楽，文学，舞踊などの伝統文化と歴史風土が根づいています。

　また，人類の遺産は，その時代時代を生きた人間の所産や縁の伝言でもあります。ペルシアのダレイオス一世が造り上げたペルセポリス（イラン），ユダヤ教，キリスト教，イスラム教の聖地でイエス・キリストゆかりの地「エルサレム」の旧市街と城壁（ヨルダン推薦物件），中国の偉大な思想家孔子の「孔子邸，孔子廟，孔子林」，釈迦生誕地「ルンビニー」（ネパール），アメリカ大陸を発見したコロンブスが最初に建設した植民都市「サント・ドミンゴ」（ドミニカ共和国），ドイツの宗教改革家マルティン・ルターゆかりのアイスレーベンとヴィッテンベルクにある「ルター記念碑」，ガリレオが重力実験を行った斜塔がある「ピサのドゥオーモ広場」（イタリア），チャールズ・ダーウィンの進化論で有名な「ガラパゴス諸島」（エクアドル），イギリスの詩人バイロンの詩でも紹介される「シントラの文化的景観」（ポルトガル）など枚挙に暇がありません。

　かけがえのない地球，そして，先人達が築いてきた人類の偉大な遺産として認知された世界遺産は，自国の遺産としてだけではなく，国家を超えて保護・保存し，未来へ継承していかなければなりません。

　この事の原点には，世界の平和が維持されていることが前提になります。第二次世界大戦などの戦禍で世界各地の貴重な自然や文化財が数多く失われました。冷戦集結後の今日も，民族間や宗教間の争い，国家間の領土紛争など国家，人間のエゴイズムによるもめ事が，しばしば，世界遺産を危機にさらしています。

　世界遺産は，地球と人類が残した偉大な自然や文化など文明の証明でもあり，人間による経済活動や開発行為に起因する地球環境問題とも無縁ではありません。

　世界遺産についての関心が高まり，また，世界遺産の保全に関わる人材育成の必要性が増大していくなかで，コットブス工科大学（ドイツ），フランソワ・ラブレー大学（フランス），北京大学（中国），早稲田大学，奈良大学（日本）などの大学や，チレント国立公園（イタリア）では，世界遺産講座（World Heritage Studies Programme）が開設されています。

　「世界遺産ガイド－文化遺産編－I 遺跡」（シンクタンクせとうち総合研究機構）
　「世界遺産ガイド－文化遺産編－II 建造物」（シンクタンクせとうち総合研究機構）
　「世界遺産ガイド－文化遺産編－III モニュメント」（シンクタンクせとうち総合研究機構）
　「世界遺産ガイド－都市・建築編」（シンクタンクせとうち総合研究機構）

世界遺産Q&A－世界遺産の基礎知識－

Q:067 自然遺産をタイプ別に分類してみるとどのようになりますか？

◎は、複合遺産

タイプ	主 な 物 件
山	◎峨眉山, ムル, サガルマータ, ペルデュー, キリマンジャロ, ケニア, ニンバ, トロア・ピトン
火 山	ハワイ (キラウェア), カムチャッカ, サンガイ
珊瑚礁	グレート・バリア・リーフ, ベリーズ・バリア・リーフ, トゥバタハ, アルダブラ
湾	ハーロン, シャーク
滝	イグアス, ヴィクトリア (モシ・オア・トゥニャ)
峡 谷	グランド・キャニオン
渓 谷	ヨセミテ
島	ガラパゴス, マクドナルド, セントキルダ, ココ, フレーザー, ハード, マッコーリー, 屋久島, ヘンダーソン, エオリエ
海 岸	コーズウェイ, ハイ・コースト
岬	ジロラッタ, ポルト
カルスト	スロバキア
鍾乳洞	アッガテレク, カールスバッド, マンモスケープ国立公園
氷 河	ロス・グラシアレス
湖	バイカル, プリトピチェ, ◎オフリッド, マラウイ
化 石	リバースリーとナラコーテ, ◎ウィランドラ, メッセルピット, ローレンツ, カナディアン・ロッキー, ダイナソー, ミグアシャ
熱帯林	サンダーバンズ, ウジュン・クロン, クィーンズランドの湿潤熱帯地域, ニオコロ・コバ, ヴィルンガ, サロンガ, シアン・カアン, トロア・ピトン, カナイマ, ◎リオ・アビセオ
自然保護区	スカンドラ, スレバレナ, ニンバ山, アイルとテネレ, ジャ・フォナル, サピ・チェウォール, ンゴロンゴロ, ツィンギ・ド・ベマラハ, 中央スリナム
生物圏保護区	セントキルダ島, グレーシャーベイ, エバーグレーズ, リオ・プラターノ
鳥類保護区	ドナウ・デルタ, ジュディ, イシュケウル
動物保護区	マナス, アラビアン・オリックス, セルース, エル・ヴィスカイノの鯨保護区, オカピ
野生生物保護区	ゴフ島, トゥンヤイ・ファイ・カ・ケン
自然景観	武陵源, 九寨溝, 黄龍

☞ 「世界遺産ガイド －自然遺産編－」（シンクタンクせとうち総合研究機構）
　「世界遺産フォトス　－写真で見るユネスコの世界遺産－」（シンクタンクせとうち総合研究機構）

Q:068 文化遺産をタイプ別に分類してみるとどのようになりますか？

タイプ	主な物件　　◎は，複合遺産
旧市街	サナア，エルサレム，ゴール，トレド，カセレス，セゴビア，ヴァレッタ，ベルン，ラウマ，ドブロブニク，ザモシチ，スース，フェス，ガダミース，ジェンネ，ルーネンバーグ
歴史地区	イスタンブール，慶州，フィレンツェ，シエナ，ポルト，ブルージュ，グラーツ，プラハ，クラクフ，リガ，ターリン，シャフリサーブス，ケベック，プエブラ，アレキパ，サンルイス
広　場	イマーム，ピサのドゥオモ，スタニスラス，カリエール，赤の広場
古　都	京都，奈良，アユタヤ，スコタイ，ホイアン，サラマンカ，アビラ，メクネス，カイルアン，メルブ，セント・ジョージ，アンティグア・グアテマラ，グアナファト，スクレ
聖　堂	ロスキレ，ケルン，セビリア，シャルトル，アーヘン，アミアン，聖ジェームス，シュパイアー，ブールジュ
教　会	聖マーガレット，ボヤナ，サンレミ，リーフブラウエン
修道院	ザンクトガレン，リラ，バターリャ，ゲラチ，サンタマリア，ストゥデニカ，ホレーズ，サナヒン，フェラポントフ
寺　院	ウエストミンスター，アンコール，アヌラダプラ，アユタヤ
神　殿	パルテノン，オリンピア，アブ・シンベル，バールベク
神　社	厳島神社，春日大社，二荒山神社，上賀茂神社，下鴨神社，宇治上神社
宮　殿	アルハンブラ，ウエストミンスター・パレス，プレナム
城	姫路城，ヴァルトブルク，クロンボー，ミール，リトミシュル
城　塞	カルカソンヌ，ロータス，バフラ，アグラ，シバーム，アムラ，バクー
城　壁	万里の長城，エルサレム，ベリンゾーナ，ルゴ
人類遺跡	サンギラン，周口店，スタークフォンテン，スワークランズ，クロムドライ，オモ川下流域，アワッシュ川下流域
古代都市遺跡	アレッポ，シギリア，ポロンナルワ，テオティワカン
考古学遺跡	ポンペイ，エルコラーノ，カルタゴ，キュレーネ，アグリジェント，ヴェルギナ，オリンピア，エピダウロス，デルフィ，アタプエルカ
廟	孔子，タージ・マハル，フマユーン，宗廟
墓	始皇帝陵，明・清王朝の陵墓群，ティヤ，テーベ，メンフィス，タッタ，ネムルト・ダウ，ペーチュ（ソピアネ）
生誕地	ルンビニー
聖　山	黄山，◎泰山，◎峨眉山，◎アトス山
聖　地	アヌラダプラ，キャンディ，ラサ，サンティアゴ・デ・コンポステーラ
岩　画	ヴァルカモニカ，アルタミラ，イベリア半島の地中海沿岸，ターヌム，アルタ，タドラート・アクスム，◎タッシリ・ナジェール，◎オカシュランバ・ドラケンスバーグ公園，セラ・ダ・カピバラ，クエバ・デ・ラス・マーノス

(文化遺産)

世界遺産Q&A－世界遺産の基礎知識－

文化遺産	石　　窟	莫高窟，竜門，エレファンタ，アジャンタ，エローラ
	地上絵	ナスカ
	フレスコ画	グアダラハラのオスピシオ・カバニャス
	像	自由の女神像，マダラの騎士像，モアイの石像（ラパ・ヌイ）
	塔	ロンドン，ピサ，ベレン，オロモウツ
	鉱　　山	ポトシ，サカテカス，グアナファト，ローロス，ランメルスベルク
	製鉄所	エンゲルスベルク，フェルクリンゲン，ブレナヴォン
	製材製紙工場	ヴェルラ
	塩　　坑	ヴィエリチカ，アルケスナン
	孤児院	オスピシオ・カバニャス
	病　　院	サン・パウ，ディヴリイ
	音楽堂	カタルーニャ
	植物園	パドヴァ
	記念館	独立記念館
	大　　学	ヴァージニア大学，大学都市カラカス，アルカラ・デ・エナレス
	バウハウス	ワイマール，デッサウ
	温　　泉	バース，◎パムッカレ
	島	ゴレ，モザンビーク，アンソニー，サモス，スケリッグ・マイケル，ロベン，サン・ルイ，ライヒェナウ修道院島
	庭　　園	シャリマール，蘇州，古都京都（竜安寺，西芳寺，醍醐寺，天竜寺等），ヴェルサイユ，クロメルジーシュ，デッサウ-ヴェルリッツ
	橋	ポン・デュ・ガール（水道橋），アイアンブリッジ（鉄橋）
	風　　車	キンデルダイク-エルスハウト
	運　　河	ミディ
	鉄　　道	センメリング，ダージリン・ヒマラヤ
	河　　岸	パリのセーヌ河岸
	集　　落	タオス，白川郷・五箇山，メサヴェルデ，アイットベンハドゥ
	棚　　田	コルディリェラ
	文化的景観	コルディリェラ，カディーシャ渓谷，◎ウルル・カタジュタ，◎トンガリロ，◎ピレネー地方-ペルデュー山，アマルフィターナ海岸，チレントとディアーノ渓谷，シントラ，サン・テミリオン，ブレナヴォン，ハルシュタットとダッハシュタイン，ヴァッハウ，レドニツェとバルティツェ，カルヴァリアゼブジドフスカ，ホルトバージ，クルシュ砂州，エーランド島南部，スクル，ヴィニャーレス渓谷

☞　「世界遺産ガイド-文化遺産編-」（シンクタンクせとうち総合研究機構）
　　「世界遺産フォトス-写真で見るユネスコの世界遺産-」（シンクタンクせとうち総合研究機構）

世界遺産Q&A－世界遺産の基礎知識－

Q:069　世界遺産の歴史的な位置づけを例示してみると？

日　本　略　史	世　界　略　史

先土器
- 明石人？
- 葛生人
- 牛川人

世界略史：
- アウストラロピテクス、ホモ=ハビリス（400万年前）
- ジャワ原人 ピテカントロプス=エレクトゥス
- 北京原人（60～15万年前）
- ネアンデルタール人（約20万年前）
- クロマニオン人（約4万～1万年前）
- ラスコー洞窟　BC13000年頃
- アルタミラ洞窟　BC15000～12000年頃

――― BC10000

縄文
- 白神山地のブナ林　樹齢8000年
- 屋久島の縄文杉　樹齢7200年

――― BC5000

- 大森貝塚
- 三内丸山遺跡
- 尖石遺跡

世界略史：
- ヘッド・スマッシュト・イン・バッファロー・ジャンプ
- モヘンジョダロ遺跡
- エーゲ文明
- エジプトのピラミッド　BC2000年頃　――― BC2000
- クレタ文明
- ミケーネ文明
- アブ・シンベル神殿　BC1300年頃
- 古代オリンピック大会はじまる BC776年　――― BC1000
- ローマ建国　BC753年
- 釈迦生誕　BC623年
- 蘇州古典庭園　BC514年　――― BC500
- ペルセポリス　BC522年～BC460年頃
- パルテノン神殿　BC447年
- テオティワカン
- 秦の始皇帝　中国を統一　BC221年

（縦書き）エジプト文明／メソポタミア文明／インダス文明／中国文明／ローマ帝国／マヤ文明

弥生
- 光武帝 倭の奴国に印綬を授与 57年
- 妻木晩田遺跡
- 吉野ケ里遺跡
- 卑弥呼 親魏倭王の号を受ける 239年
- 出雲荒神谷遺跡
- 登呂遺跡

世界略史：
- イエス　BC4年頃～AD30年頃　――― 紀元
- 光武帝　後漢成立　25年
- アンソニー島
- ヴェスヴィオの大噴火　79年
- 五賢帝時代　96年～180年　――― 101年
- ローマ帝国全盛時代
- マルクス=アウレリウス帝即位　161年
- ガンダーラ美術栄える　――― 201年
- 後漢滅び魏呉蜀の3国分立　220年
- ササン朝ペルシア起こる　226年
- 呉滅び、晋が中国を統一　280年　――― 301年
- コンスタンティノープル遷都　330年

古墳
- 箸墓古墳

世界略史：
- エルサレムの聖墳墓教会　327年
- 莫高窟　366年
- ゲルマン民族の大移動　375年　――― 401年
- 西ローマ帝国滅亡　476年
- フランク王国建国　481年
- 東ゴート王国建国　493年

- 大山古墳（仁徳陵古墳）
- 龍門石窟　494年　――― 501年
- 仏教の伝来　538年頃
- 加茂岩倉遺跡
- 聖徳太子　摂政　593年
- マホメット　571年～632年
- 隋（589年～618年）

※上記に掲げたもののうち、特に、先土器、縄文、弥生、古墳時代のものは、未だ時代が特定できていないものもあります。紙面のスペースの関係もあり、この表は、あくまでも、参考程度にとどめて下さい。

92

世界遺産Q&A－世界遺産の基礎知識－

時代	日本の出来事	世界の出来事	年代
飛鳥	聖徳太子 憲法十七条の制定 604年 法隆寺創建 607年 平城京遷都 710年	唐（618年〜907年） イスラム教成立 610年 ラサのポタラ宮 アラブ軍がオアシス都市ブハラを占領 674年	601年 701年
奈良	春日大社創建 763年 最澄 比叡山延暦寺創建 788年 平安京遷都 794年	李白、杜甫など唐詩の全盛 仏国寺建立 752年 カール大帝戴冠 800年	
平安	最澄 天台宗を開く 805年 空海 真言宗を開く 806年 弘法大師 高野山開創 816年 古今和歌集成る 905年 醍醐寺五重塔建つ 951年 藤原道長 摂関政治 966年〜1027年 紫式部 源氏物語 藤原道長全盛時代 1016年〜1027年 平等院阿弥陀堂（鳳凰堂）落成 1053年 藤原清衡 平泉に中尊寺建立 1105年 平清盛 太政大臣になる 1167年 平清盛 厳島神社を造営 1168年 源頼朝 鎌倉幕府を開く 1192年	イスラム文化の全盛 ボロブドゥールの建設 黄巣の乱 875年 アンコール 889年 ビザンツ帝国の最盛時代 宋建国 960年 神聖ローマ帝国成立 962年 セルジューク朝成立 1038年 ローマ・カトリック教とギリシャ正教完全分離 十字軍 エルサレム王国建国 1099年〜1187年 ラパ・ヌイ モアイの石像 パリ ノートルダム大聖堂建築開始 1163年 ピサの斜塔 1174年 ドイツ騎士団おこる	801年 901年 1001年 1101年 1201年
鎌倉	東大寺再建供養 1195年 親鸞 教行信証を著わす 1224年 日蓮 法華宗を始む 1253年 円覚寺舎利殿 1285年	アミアン大聖堂建立 1220年 ケルン大聖堂 礎石 1248年 ドイツ「ハンザ同盟」成立 1241年 マルコ・ポーロ「東方見聞録」 1299年	
南北朝	足利尊氏 室町幕府を開く 1338年 夢窓疎石 西芳寺（苔寺）再興1339年 金閣寺建立 1397年	英仏百年戦争 1338年〜1453年 明建国 1368年 宗廟着工 1394年着工	1301年 1401年
室町	興福寺 五重塔 再建 1426年 琉球王国が成立 1429年 竜安寺 禅宗寺院となる 1450年 銀閣寺建立 1483年 フランシスコ・ザビエル 鹿児島上陸1549年 室町幕府滅亡 1573年	昌徳宮 1405年 クスコ コロンブス アメリカ大陸発見 1492年 マチュピチュ アステカ帝国滅亡 1521年 インカ帝国滅亡 1533年 インド ムガル帝国成る 1526年	1501年
安土桃山	醍醐寺三宝院書院 庭園できる 1598年 徳川家康 江戸幕府を開く 1603年 彦根城築城 1604年〜1622年 姫路城天守閣造営 1608年 日光東照宮神殿竣工 1617年	パドヴァの植物園 1545年 タージ・マハル廟の造営 1632年〜1653年 ヴェルサイユ宮殿着工 1661年着工 イギリス 名誉革命 1688年	1601年
江戸	五箇山の合掌造り 江戸時代初期 東大寺大仏再建 1701年 本居宣長 古事記伝完成 1798年	キンデルダイク・エルスハウトの風車 アメリカ独立宣言公布 1776年 フランス革命 1789年〜1794年 ナポレオン皇帝となる 1804年	1701年 1801年
明治	明治維新 1868年 福沢諭吉「学問ノスヽメ」 1872年 神田駿河台にニコライ堂落成 1891年 赤坂離宮建つ 1908年	ダーウィン「種の起源」1859年 リンカーン「奴隷解放宣言」 1863年 ケルン大聖堂完成 1880年 ロシア革命 1917年	1901年
大正 昭和	広島、長崎に原爆投下 1945年 ユネスコ加盟 1951年 国連加盟 1956年	ワイマールおよびデッサウのバウハウス 1919〜1933年 アウシュヴィッツ強制収容所 1940年 ブラジルの首都 ブラジリアに遷都 1960年	
平成	世界遺産条約批准 1992年 九州・沖縄サミット 2000年	ベルリンの壁 開放 1989年 ソ連崩壊 1991年 南北朝鮮首脳会談 2000年	2001年

（左欄外：マヤ文明／アステカ文明／インカ帝国／ルネサンス）

Q:070　人類の負の遺産と言われる世界遺産とは？

A:070　世界遺産は，本来，人類が残した偉大で賞賛すべき，顕著な普遍的価値を持つ真正なものばかりですが，逆に，人類が犯した二度と繰り返してはならない人権や人命を無視した悲劇，人種や民族の差別の証明ともいえる世界遺産もあります。

これらには，15～19世紀の植民地主義時代，西欧列強による黒人奴隷売買の舞台となったアフリカのセネガルの「ゴレ島」やガーナの「ボルタ，アクラ，中部，西部各州の砦と城塞」，17世紀に奴隷貿易の拠点として繁栄したキューバの「トリニダード」，16～18世紀，先住民にとっては隷属の象徴であった銀山のあるボリビアの「ポトシ」，16～17世紀，先住民から略奪した金，銀，財宝が積み出されたコロンビアの「カルタヘナ」などの物件があります。

一方，第2次世界大戦中，ドイツがユダヤ人や共産主義者を大量虐殺したポーランドの「アウシュヴィッツ強制収容所」，太平洋戦争末期の1945年8月6日にアメリカが広島市上空に投下した原子爆弾で被災した「広島の平和記念碑（原爆ドーム）」の2つは，戦争の悲惨さを示すショッキングな戦争遺跡（war-related sites）で，人間が起した戦争の愚かしさを人類に警告するマイナスの遺産なので，**負の遺産**（legacy of tragedy）とも言われています。

負の遺産は，世界遺産条約，それに，世界遺産条約を履行していく為の指針の中で，定義されているわけではありません。また，いわゆる負の遺産を世界遺産にすることについては異論も多々ありますが，人類が二度と繰り返してはいけない顕著な普遍的価値をもつ代表的な史跡やモニュメントを保存していくことも大変，重要なことです。

19世紀初頭まで奴隷の交易が行われたゴレ島（セネガル）

「世界遺産ガイド-関連用語と全物件プロフィル-2001改訂版」（シンクタンクせとうち総合研究機構）
「世界遺産ガイド-アフリカ編-」（シンクタンクせとうち総合研究機構）

世界遺産Q&A―世界遺産の基礎知識―

ボルタ、アクラ、中部、西部各州の砦と城塞（ガーナ）
1979年登録

ポトシ（ボリビア）1987年登録

アウシュヴィッツ強制収容所（ポーランド）1979年登録

95

世界遺産Q&A－世界遺産の基礎知識－

Q:071　歴史上の人物とゆかりのある世界遺産は？

A:071　世界遺産は，先人達が築き継承してきた，私たち人類の貴重な財産。世界遺産には，歴史上の人物が造った物件，影響を受けた物件，ゆかりの物件があることも見逃せません。

ヴェローナ市街（イタリア）2000年登録
ロメオとジュリエッタの物語にゆかりの深い都市

バルセロナ グエル公園（スペイン）1984年登録
アントニオ・ガウディの建築作品

ヴィクトリア瀑布（ザンビア／ジンバブエ）1989年登録
探検家リヴィングストンが発見，命名した滝

釈迦生誕地ルンビニー（ネパール）1997年登録
仏教の四大聖地の一つ

曲阜の孔子邸・孔子廟・孔子林（中国）1994年登録
孔子没後，旧居を改築して廟とした孔廟

ロベン島（南アフリカ）1999年登録
アパルトヘイト撤廃に貢献したマンデラ大統領は，この島で獄中生活を送った。

世界遺産Q&A－世界遺産の基礎知識－

Q:072　環境省の組織は，どのようになっていますか？

A:072　わが国の環境行政を担う**環境省**（The Environment Agency）の組織は，下図のようになっています。（自然環境局を中心として記しています。）

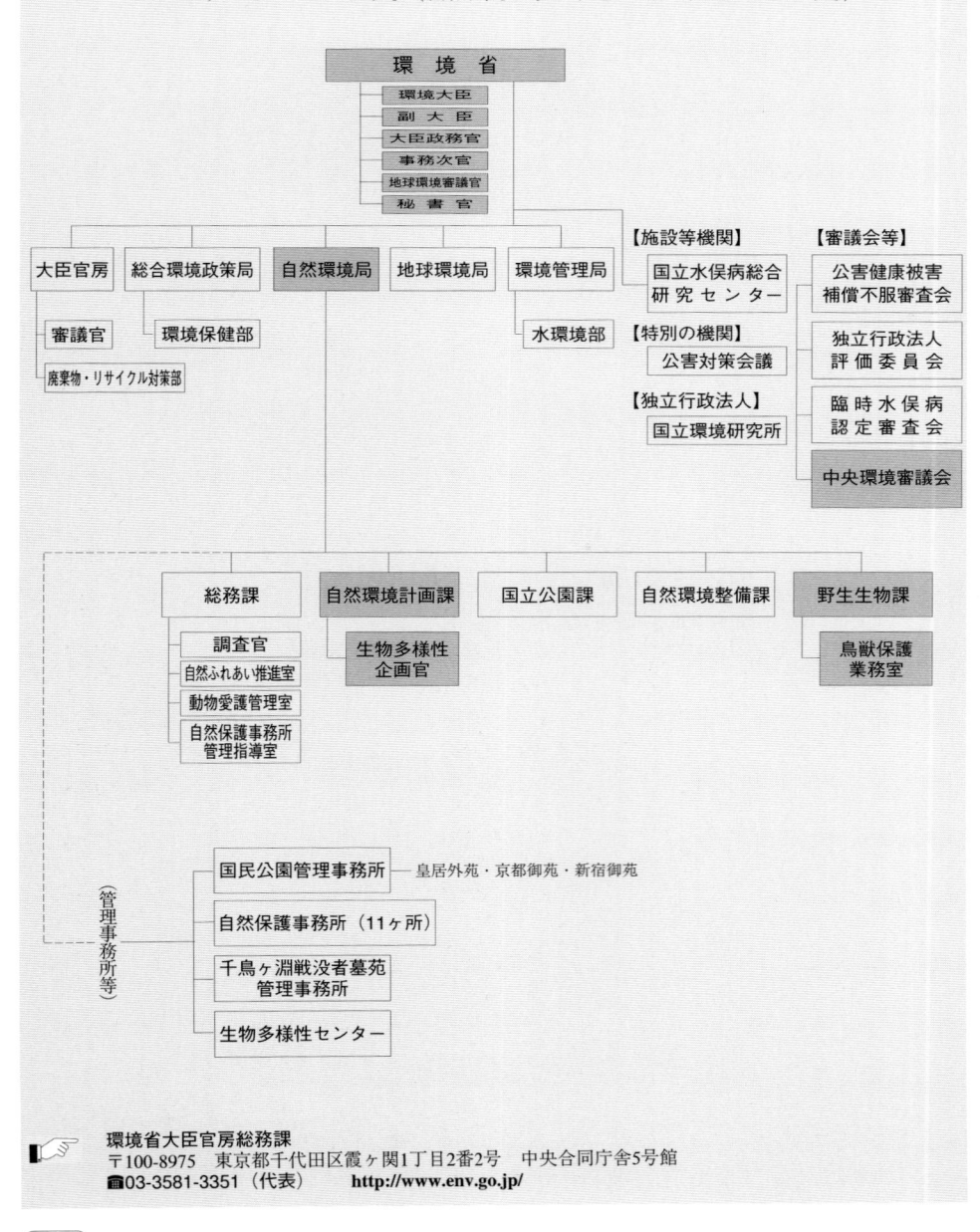

```
                          環　境　省
                          環境大臣
                          副　大　臣
                          大臣政務官
                          事務次官
                          地球環境審議官
                          秘　書　官
```

環境省
- 大臣官房
  - 審議官
  - 廃棄物・リサイクル対策部
- 総合環境政策局
  - 環境保健部
- 自然環境局
- 地球環境局
- 環境管理局
  - 水環境部

【施設等機関】
- 国立水俣病総合研究センター

【特別の機関】
- 公害対策会議

【独立行政法人】
- 国立環境研究所

【審議会等】
- 公害健康被害補償不服審査会
- 独立行政法人評価委員会
- 臨時水俣病認定審査会
- 中央環境審議会

自然環境局
- 総務課
  - 調査官
  - 自然ふれあい推進室
  - 動物愛護管理室
  - 自然保護事務所管理指導室
- 自然環境計画課
  - 生物多様性企画官
- 国立公園課
- 自然環境整備課
- 野生生物課
  - 鳥獣保護業務室

（管理事務所等）
- 国民公園管理事務所 ── 皇居外苑・京都御苑・新宿御苑
- 自然保護事務所（11ヶ所）
- 千鳥ヶ淵戦没者墓苑管理事務所
- 生物多様性センター

☞ 環境省大臣官房総務課
〒100-8975　東京都千代田区霞ヶ関1丁目2番2号　中央合同庁舎5号館
☎03-3581-3351（代表）　http://www.env.go.jp/

世界遺産Q&A－世界遺産の基礎知識－

Q:073　文化庁の組織は，どのようになっていますか？

A:073　文化の振興及び文化財の保存・活用などわが国の文化行政に当たる**文化庁**（Agency for Cultural Affairs）の組織は，下図のようになっています。

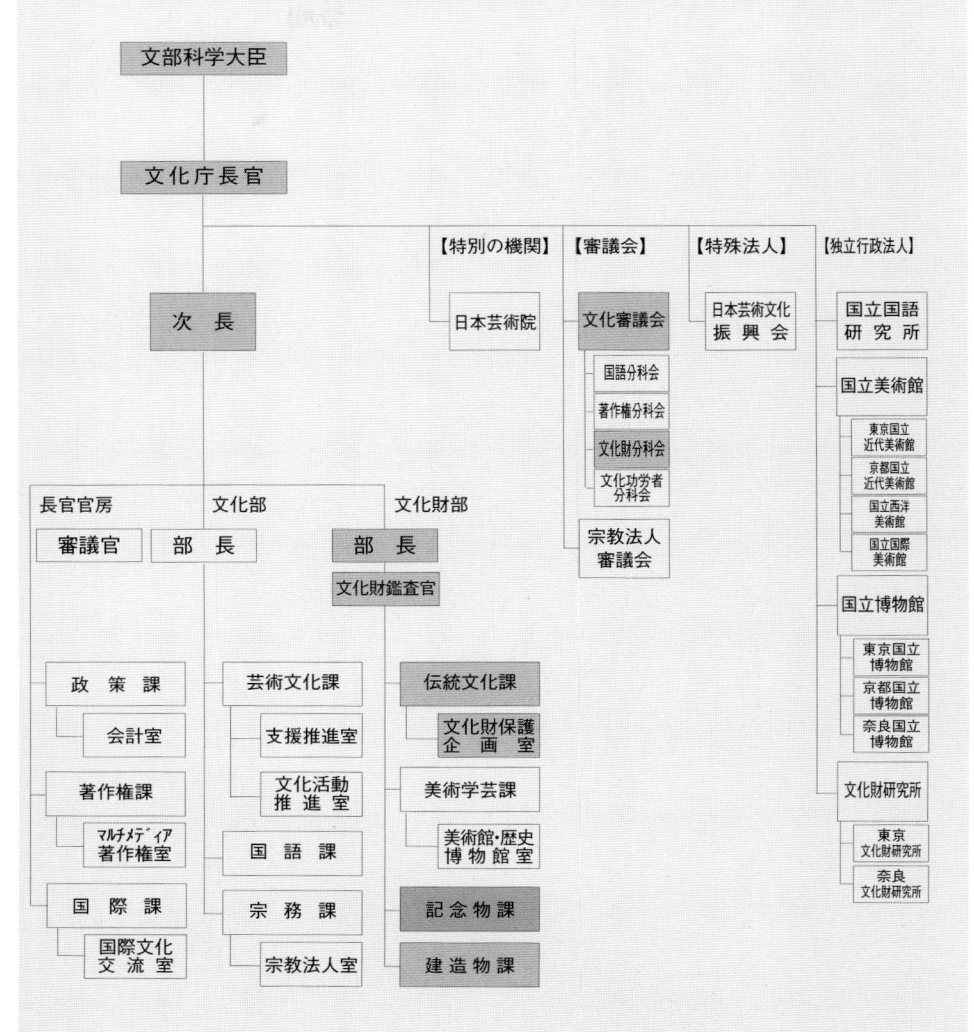

```
文部科学大臣
    │
文化庁長官
    │
    ├──────────────────────────────────────────────
    │         【特別の機関】  【審議会】   【特殊法人】   【独立行政法人】
   次 長       日本芸術院    文化審議会   日本芸術文化   国立国語
                              │          振興会       研究所
                              ├国語分科会
                              ├著作権分科会            国立美術館
                              ├文化財分科会            ├東京国立近代美術館
                              └文化功労者              ├京都国立近代美術館
                                分科会                ├国立西洋美術館
                             宗教法人                  └国立国際美術館
                             審議会
                                                     国立博物館
                                                     ├東京国立博物館
                                                     ├京都国立博物館
                                                     └奈良国立博物館

  長官官房    文化部      文化財部                     文化財研究所
  審議官     部 長       部 長                        ├東京文化財研究所
                        文化財鑑査官                   └奈良文化財研究所

  政策課    芸術文化課   伝統文化課
  会計室    支援推進室   文化財保護企画室
  著作権課  文化活動     美術学芸課
  マルチメディア 推進室   美術館・歴史
  著作権室  国語課       博物館室
  国際課    宗務課       記念物課
  国際文化  宗教法人室   建造物課
  交流室
```

☞ 文化庁長官官房総務課
〒100-0013　東京都千代田区霞ヶ関3丁目2番2号
☎03-3581-4211（代表）　http://www.bunka.go.jp/

世界遺産Q&A－世界遺産の基礎知識－

Q:074　わが国の自然環境保全に関する法制度は？

A:074　わが国の自然環境保全に関する法制度のうち，主なものは以下のとおりです。この他にも自然環境保全に関連する法律は数多くあり，環境省は他省庁とも連携をとりつつ，自然環境の適正な保全を総合的に推進しています。

環境保全の基本法	国土利用の基本法
環境基本法 （中央環境審議会） （環境基本計画）	国土利用計画法 （国土利用計画） （土地利用基本計画）

自然環境保全の基本法
自然環境保全法
　（自然環境保全審議会）
　（自然環境保全基本方針）
　（自然環境保全基礎調査）

原生自然環境保全地域 自然環境保全地域 都道府県自然環境保全地域の指定と保全	自然環境保全法（環境省）
国立公園・国定公園・ 都道府県立自然公園の保護と利用	自然公園法（環境省）
野生動植物の保護と狩猟の適正化	鳥獣保護及狩猟ニ関スル法律 絶滅のおそれのある野生動植物の種の保存に関する法律（環境省）
温泉の保護と適正利用	温泉法（環境省）
史跡・名勝・天然記念物の指定と保護	文化財保護法（文化庁）
歴史的風土等の指定と保全	古都における歴史的風土の保存に関する特別措置法〈古都保存法〉（国土交通省）
農業地域の指定と保全	農業振興地域の整備に関する法律，農地法（農水省）
林業地域の指定と保全	森林法（農水省－林野庁）
保安林の指定と保全	森林法（農水省－林野庁）
海岸保全区域の指定と保全	海岸法（国土交通省，農水省）
緑地保全地区の指定と保全	都市緑地保全法（国土交通省）
首都圏・近畿圏の近郊緑地の指定と保全	首都圏近郊緑地保全法， 近畿圏の保全区域の整備に関する法律（国土交通省）
都市公園の設置と管理	都市公園法（国土交通省）
風致地区の指定と保全	都市計画法（国土交通省）
都市保存樹，保存樹林の指定と保存	都市の美観風致を維持するための樹木の保存に関する法律（国土交通省）
生産緑地の指定と保全	生産緑地法（国土交通省）

Q:075 自然環境保全法とは，どのような法律ですか？

A:075 自然環境保全法とは，自然公園法その他の自然環境の保全を目的とする法律と相まって，自然環境を保全することが特に必要な区域等の自然環境の適正な保全を総合的に推進することを目的に昭和47年6月22日に制定されました。国の自然環境保全基本方針の策定，自然環境保全審議会の設置，自然環境保全基礎調査の実施などの基本的事項のほか環境省大臣による原生自然環境保全地域，自然環境保全地域の指定及び同地域内における特別地区，野生動植物保護地区，海中特別地区の指定とこれらの各地域に対する各種規制措置などを定めています。また，都道府県自然環境保全地域を条例によって定めることのできる法的根拠を与えています。

☞ 環境省自然環境局総務課，自然環境計画課，自然環境整備課

Q:076 自然公園法とは，どのような法律ですか？

A:076 自然公園法とは，自然の風景地を保護すると共にその利用の促進を図り，国民の保健，休養及び教化に資することを目的に昭和32年6月に制定されました。自然環境保全審議会を経て，環境省大臣による国立公園及び国定公園の指定，区域の変更，公園計画及び公園事業の決定，環境省大臣による国立公園及び国定公園の風致維持の為の特別地区，景観維持の為の特別地域内の特別保護地区の指定，海中の景観を維持するための海中公園の指定，国立公園及び国定公園保護の為の原状回復命令，都道府県による都道府県立自然公園の指定などを定めています。

☞ 環境省自然環境局総務課，自然環境計画課，自然環境整備課

Q:077 鳥獣保護及狩猟ニ関スル法律（略称　鳥獣保護法）とは？

A:077 鳥獣保護及狩猟ニ関スル法律（略称　鳥獣保護法）とは，鳥獣の保護繁殖と有害鳥獣の駆除などを図るため明治30年の「狩猟法」を廃止して大正7年4月4日に公布され大正8年9月1日に施行されました。都道府県知事の環境省大臣が策定する基準による鳥獣保護事業計画の樹立，狩猟鳥獣以外の捕獲・殺傷の禁止，狩猟免許の交付とその有効期間，環境省大臣，または，都道府県知事による鳥獣保護区の設定などについて定めています。

☞ 環境省自然環境局野生生物課

Q:078 中央環境審議会では，どのようなことを審議しますか？

A:078 中央環境審議会は，中央省庁の再編に伴って，従来の自然環境審議会などが再編され2001年1月6日に設置されました。中央環境審議会（会長　森嶌　昭夫　（財）地球環境戦略研究機関理事長）は，30人の委員（任期2年）で構成され，総合政策部会，廃棄物・リサイクル部会，循環型社会計画部会，環境保健部会，地球環境部会，大気環境部会，騒音振動部会，水環境部会，土壌農薬部会，瀬戸内海部会，自然環境部会，野生生物部会，動物愛護部会の部会があります。自然環境部会（部会長　辻井　達一北星学園大学社会福祉学部教授）は，5人の委員と26人の臨時委員で構成され，1）自然環境の保全に係る重要事項，2）自然公園に係る重要事項を所掌しています。事務局は，環境省自然環境局総務課，自然環境計画課，国立公園課が担当しています。

世界遺産Q&A－世界遺産の基礎知識－

Q:079　わが国の国立公園・国定公園の指定地域は？

都道府県	国 立 公 園（28か所）	国 定 公 園（55か所）
北 海 道	利尻礼文サロベツ　知床　阿寒　釧路湿原　大雪山　支笏洞爺	暑寒別天売焼尻　網走　ニセコ積丹小樽海岸　日高山脈襟裳　大沼
青 森 県	十和田八幡平	津軽　下北半島
岩 手 県	陸中海岸　十和田八幡平	栗駒　早池峰
宮 城 県	陸中海岸	蔵王　栗駒　南三陸金華山
秋 田 県	十和田八幡平	男鹿　鳥海　栗駒
山 形 県	磐梯朝日	鳥海　蔵王　栗駒
福 島 県	磐梯朝日　日光	越後三山只見
新 潟 県	磐梯朝日　上信越高原　中部山岳　日光	佐渡弥彦米山　越後三山只見
茨 城 県		水郷筑波
栃 木 県	日光	宇都宮　益子自然公園
群 馬 県	日光　上信越高原	妙義荒船佐久高原
埼 玉 県	秩父多摩	
千 葉 県		南房総　水郷筑波
東 京 都	秩父多摩　小笠原　富士箱根伊豆	明治の森高尾
神奈川県	富士箱根伊豆	丹沢大山
山 梨 県	富士箱根伊豆　南アルプス　秩父多摩	八ヶ岳中信高原
長 野 県	中部山岳　上信越高原　秩父多摩　南アルプス	八ヶ岳中信高原　天竜奥三河　妙義荒船佐久高原
岐 阜 県	中部山岳　白山	揖斐関ケ原養老　飛騨木曽川
静 岡 県	富士箱根伊豆　南アルプス	天竜奥三河
愛 知 県		三河湾　飛騨木曽川　天竜奥三河　愛知高原鈴鹿　室生赤目青山
三 重 県	伊勢志摩　吉野熊野	
富 山 県	中部山岳　白山	能登半島
石 川 県	白山	能登半島　越前加賀海岸
福 井 県	白山	越前加賀海岸　若狭湾
滋 賀 県		琵琶湖　鈴鹿
京 都 府	山陰海岸	若狭湾　琵琶湖
大 阪 府		明治の森箕面　金剛生駒
兵 庫 県	瀬戸内海　山陰海岸	氷ノ山後山那岐山
奈 良 県	吉野熊野	金剛生駒　高野龍神　室生赤目青目　大和青垣
和歌山県	吉野熊野　瀬戸内海	高野龍神
鳥 取 県	大山隠岐　山陰海岸	氷ノ山後山那岐山　比婆道後帝釈
島 根 県	大山隠岐	比婆道後帝釈　西中国山地
岡 山 県	瀬戸内海　大山隠岐	氷ノ山後山那岐山
広 島 県	瀬戸内海	比婆道後帝釈　西中国山地
山 口 県	瀬戸内海	秋吉台　北長門海岸，西中国山地
徳 島 県	瀬戸内海	剣山，室戸阿南海岸
香 川 県	瀬戸内海	
愛 媛 県	瀬戸内海　足摺宇和海	石鎚
高 知 県	足摺宇和海	室戸阿南海岸　剣山，石鎚
福 岡 県	瀬戸内海	玄海，北九州　邪馬日田英彦山
佐 賀 県		玄海
長 崎 県	雲仙天草　西海	壱岐対馬　玄海
熊 本 県	阿蘇くじゅう　雲仙天草	邪馬日田英彦山　九州中央山地
大 分 県	阿蘇くじゅう　瀬戸内海	日豊海岸　祖母傾　邪馬日田英彦山
宮 崎 県	霧島屋久	日南海岸　祖母傾，日豊海岸，九州中央山地
鹿児島県	霧島屋久　雲仙天草	日南海岸　奄美群島
沖 縄 県	西表	沖縄海岸　沖縄戦跡

102

Q:080　わが国の原生自然環境保全地域・自然環境保全地域・国設鳥獣保護区は？

都道府県	原生自然環境保全地域	自然環境保全地域	国設鳥獣保護区
北　海　道	遠音別岳 十勝川源流部	大平山	大雪山, 浜頓別クッチャロ湖, サロベツ, 濤沸湖, 風蓮湖, 厚岸・別寒辺牛・霧多布, ウトナイ湖, 天売島, ユルリ・モユルリ, 大黒島, 知床, 釧路湿原
青　森　県	－	白神山地 早池峰 和賀岳	十和田, 小湊, 下北西部
岩　手　県	－	－	日出島, 三貫島
宮　城　県	－	白神山地	伊豆沼, 仙台海浜
秋　田　県	－	－	十和田, 大潟草原, 森吉山
山　形　県	－	－	大鳥朝日
福　島　県	－	－	
新　潟　県	－	－	福島潟, 佐潟, 大鳥朝日, 小佐渡東部
茨　城　県	－	大佐飛山	－
栃　木　県	－	利根川源流部	浅間
群　馬　県	－	－	
埼　玉　県	－	－	
千　葉　県	－	－	谷津
東　京　都	南硫黄島	－	鳥島, 小笠原諸島
神奈川県	－	－	－
山　梨　県	－	－	
長　野　県	－	－	浅間, 北アルプス
岐　阜　県	－	－	白山, 北アルプス
静　岡　県	大井川源流部	－	－
愛　知　県	－	－	
三　重　県	－	－	大台山系, 紀伊長島
富　山　県	－	－	北アルプス
石　川　県	－	－	白山, 片野鴨池, 七ツ島
福　井　県	－	－	
滋　賀　県	－	－	－
京　都　府	－	－	－
大　阪　府	－	－	
兵　庫　県	－	－	浜甲子園
奈　良　県	－	－	大台山系
和歌山県	－	－	
鳥　取　県	－	－	大山, 中海
島　根　県	－	－	中海
岡　山　県	－	－	鹿久居島
広　島　県	－	－	
山　口　県	－	－	－
徳　島　県	－	－	剣山山系
香　川　県	－	－	
愛　媛　県	－	笹ヶ峰	石鎚山系
高　知　県	－	笹ヶ峰	剣山山系, 石鎚山系, 西南
福　岡　県	－	－	沖ノ島
佐　賀　県	－	－	
長　崎　県	－	－	男女群島, 伊奈
熊　本　県	－	白髪岳	
大　分　県	－	－	
宮　崎　県	－	－	霧島
鹿児島県	屋久島	稲尾岳	霧島, 出水・高尾野, 草垣島, 湯湾岳
沖　縄　県	－	崎山湾	屋我地, 漫湖, 仲の神島, 与那国, 西表

103

Q:081 文化財保護法とは，どのような法律ですか？

A:081 文化財（Cultural Properties）は，わが国の歴史や文化を正しく理解する上で欠くことのできない ものです。このため国民的財産である文化財を後世に伝えていく為には，適切な保存と活用を図っていくことが極めて重要です。

このような観点から，貴重な文化財を保護する為，昭和25年（1950年）に制定された**文化財保護法**（Law for the protection of cultural properties）に基づいて，重要なものを国宝（National Treasures），重要文化財（Inportant Cultural Propaties）や史跡（Historic sites），名勝（Places of scenic beauty），天然記念物（Natural monuments）などに指定するとともに，これらの保存修理や防災，埋蔵文化財の発掘調査，史跡などの公有化や整備など各種の施策が講じられています。

また，1996年度には，文化財の保護手法の多様化を図る為，文化財登録制度（Cultural Property Registration System）が導入され，従来なら保護の対象になりにくかった近代の建造物（原則として建築後50年以上のもの）で，歴史的価値のあるものを対象にしています。

Q:082 文化審議会では，どのようなことを審議しますか？

A:082 文化審議会は，中央省庁等の改革の中で，国語審議会，著作権審議会，文化財保護審議会，文化功労者選考審査会の機能を整理・統合して，2001年1月6日付けで文部科学省に設置されました。文化審議会の主な所掌事務は，（1）文部科学大臣又は文化庁長官の諮問に応じて，文化の振興及び国際文化交流の振興に関する重要事項を調査審議し，文部科学大臣又は文化庁長官に意見を述べること（2）文部科学大臣又は文化庁長官の諮問に応じて，国語の改善及びその普及に関する事項を調査審議し，文部科学大臣，関係各大臣又は文化庁長官に意見を述べること（3）著作権法，文化財保護法，文化功労者年金法等の規定に基づき，審議会の権限に属させられた事項を処理すること。文化審議会（会長　美術評論家の高階秀爾氏）は，30人以内の委員（任期1年（再任可））で構成され，国語分科会，著作権分科会，文化財分科会，文化功労者選考分科会の分科会があり，委員は1～2つの分科会に所属しています。従来の文化財保護審議会の機能は，文化財分科会が担っており，文化財の保存及び活用に関する重要事項を調査審議しています。

　　　文化庁文化財部伝統文化課　〒100-0013　東京都千代田区霞ヶ関3-2-2
　　　☎03-3581-9661　FAX03-3581-7208

Q:083 わが国の文化財の分類は，どのようになっていますか？

A:083 文化財保護法に基づき，重要なものを国宝・重要文化財や史跡・名勝・天然記念物などに指定，これらの保存修理や防災，埋蔵文化財の発掘調査，史跡などの公有化・整備など各種の施策が講じられています。1996年度には，**文化財登録制度**が導入され，文化財建造物に対してより緩やかな保護措置が講じられています。また，演劇，音楽，工芸技術などの無形文化財や年中行事，民俗芸能などの民俗文化財の記録保存や伝承者育成活動なども行われています。

国指定・選定・登録文化財の分類

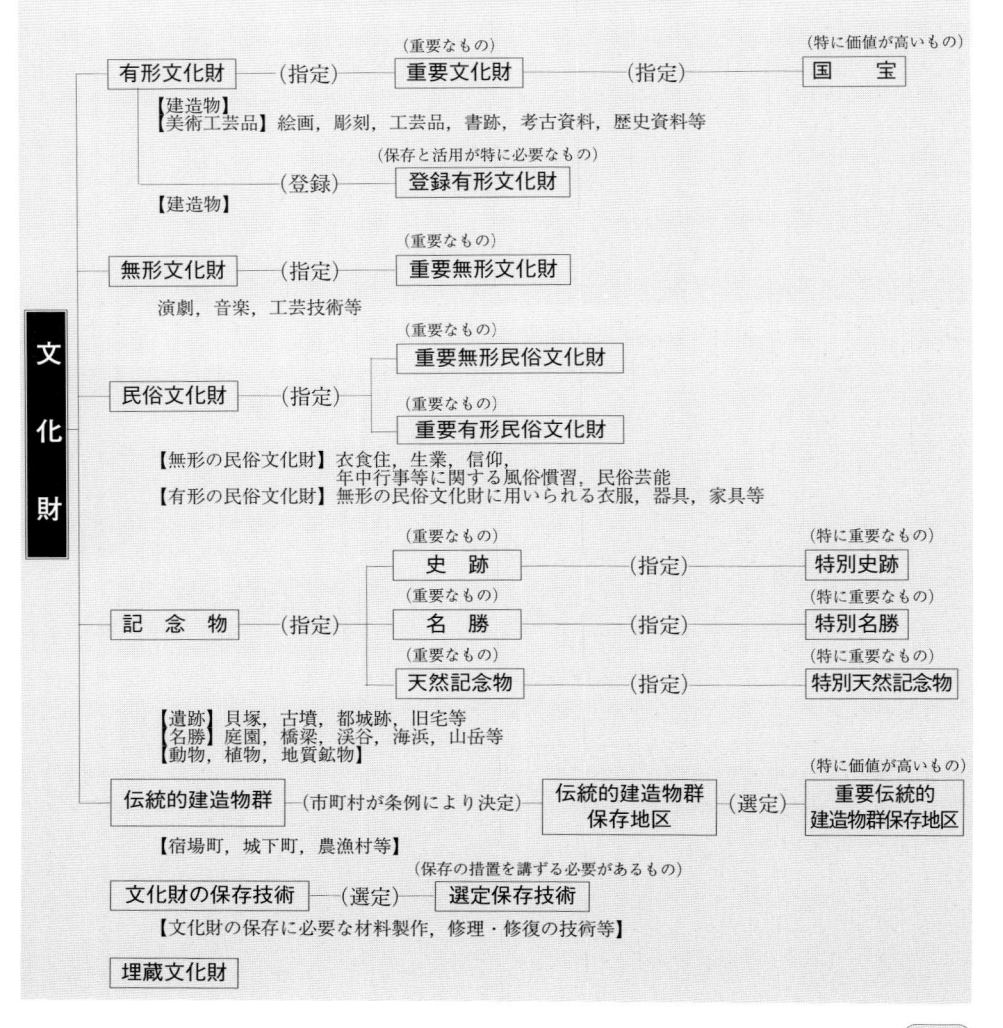

文化財

- **有形文化財**
  - （指定）→ 重要文化財（重要なもの）→ （指定）→ 国宝（特に価値が高いもの）
    - 【建造物】
    - 【美術工芸品】絵画，彫刻，工芸品，書跡，考古資料，歴史資料等
  - （登録）→ 登録有形文化財（保存と活用が特に必要なもの）
    - 【建造物】

- **無形文化財**
  - （指定）→ 重要無形文化財（重要なもの）
  - 演劇，音楽，工芸技術等

- **民俗文化財**
  - （指定）→ 重要無形民俗文化財（重要なもの）
  - （指定）→ 重要有形民俗文化財（重要なもの）
    - 【無形の民俗文化財】衣食住，生業，信仰，年中行事等に関する風俗慣習，民俗芸能
    - 【有形の民俗文化財】無形の民俗文化財に用いられる衣服，器具，家具等

- **記念物**
  - （指定）→ 史跡（重要なもの）→ （指定）→ 特別史跡（特に重要なもの）
  - （指定）→ 名勝（重要なもの）→ （指定）→ 特別名勝（特に重要なもの）
  - （指定）→ 天然記念物（重要なもの）→ （指定）→ 特別天然記念物（特に重要なもの）
    - 【遺跡】貝塚，古墳，都城跡，旧宅等
    - 【名勝】庭園，橋梁，渓谷，海浜，山岳等
    - 【動物，植物，地質鉱物】

- **伝統的建造物群**
  - （市町村が条例により決定）→ 伝統的建造物群保存地区 →（選定）→ 重要伝統的建造物群保存地区（特に価値が高いもの）
    - 【宿場町，城下町，農漁村等】

- **文化財の保存技術**
  - （選定）→ 選定保存技術（保存の措置を講ずる必要があるもの）
    - 【文化財の保存に必要な材料製作，修理・修復の技術等】

- **埋蔵文化財**

Q:084 わが国の国宝・重要文化財《建造物》は？

都道府県	国宝《建造物》 数字は件数，（ ）は棟数を表す 209件（253棟）	重要文化財《建造物》 数字は件数，（ ）は棟数を表す 2,204件（3,708棟）
北海道	0	旧札幌農学校演武場（時計台）など22（41）
青森県	0	弘前城天守など28（49）
岩手県	中尊寺金色堂1（1）	正法寺本堂など20（27）
宮城県	瑞巌寺本堂，庫裡・廊下，大崎八幡神社3（4）	我妻家住宅など17（25）
秋田県	0	赤神社五社堂など19（35）
山形県	羽黒山五重塔1（1）	山形県旧県庁舎など27（37）
福島県	阿弥陀堂（白水阿弥陀堂）1（1）	天鏡閣本館など31（36）
新潟県	0	新潟県議会旧議事堂など32（71）
茨城県	0	旧弘道館至善堂など28（35）
栃木県	**東照宮本殿，輪王寺大猷院霊廟**など6（9）	**二荒山神社本殿**など29（140）
群馬県	0	碓氷峠鉄道施設煉瓦造アーチ橋など18（28）
埼玉県	0	日本煉瓦製造旧煉瓦製造施設など21（33）
千葉県	0	新勝寺光明堂など26（36）
東京都	正福寺地蔵堂1（1）	旧江戸城外桜田門，慶応義塾図書館など55（78）
神奈川県	円覚寺舎利殿1（1）	鶴ヶ岡八幡宮上宮，建長寺仏殿など49（60）
山梨県	大善寺本堂，清白寺仏殿2（2）	武田八幡神社本殿など47（68）
長野県	善光寺本堂，松本城天守など5（10）	諏訪大社上社，下社，小諸城大手門など78（126）
岐阜県	安国寺経蔵，永保寺開山堂，観音堂3（3）	和田家住宅，旧遠山家住宅など47（83）
静岡県	0	久能山東照宮，富士山本宮浅間大社など28（75）
愛知県	犬山城天守，有楽苑茶室如庵，金蓮寺弥陀堂3（3）	名古屋城二之丸大手二之門など75（114）
三重県	0	四日市旧港港湾施設など18（24）
富山県	瑞龍寺仏殿・法堂・山門1（3）	村上家住宅，岩瀬家住宅など19（46）
石川県	0	金沢城石川門，妙成寺本堂など39（68）
福井県	明通寺本堂，三重塔2（2）	気比神社大鳥居など22（22）
滋賀県	彦根城天守，石山寺本堂など22（23）	日吉大社摂社など177（220）
京都府	**清水寺本堂，二条城二の丸**など46（58）	大徳寺仏殿，同志社彰栄館など280（531）
大阪府	住吉大社本殿，桜井神社拝殿など5（8）	大阪城大手門など93（156）
兵庫県	**姫路城大天守**，浄土寺浄土堂など11（14）	旧ハンター住宅，旧トーマス住宅など99（200）
奈良県	**法隆寺金堂，東大寺南大門**など62（69）	吉野水分神社，大峰山寺本堂など260（373）
和歌山県	金剛峯寺不動堂，根来寺多宝塔など7（7）	熊野那智大社，熊野本宮大社など76（121）
鳥取県	三仏寺奥院（投入堂）1（1）	樗谿神社など14（22）
島根県	出雲大社本殿，神魂神社本殿2（2）	日御碕神社日沈宮など20（42）
岡山県	吉備津神社本殿，旧閑谷学校講堂2（2）	旧矢掛本陣石井家住宅など50（111）
広島県	**厳島神社本社本殿**，明王院本堂など7（12）	太田家住宅，春風館頼家住宅など58（95）
山口県	瑠璃光寺五重塔，住吉神社本殿，功山寺仏殿3（3）	東光寺大雄宝殿など31（46）
徳島県	0	田中家住宅など15（30）
香川県	本山寺本堂，神谷神社本殿2（2）	金刀比羅宮表書院など25（36）
愛媛県	石手寺仁王門，大宝寺本堂，太山寺本堂3（3）	上芳我家住宅など43（106）
高知県	豊楽寺薬師堂1（1）	高知城天守など16（38）
福岡県	0	門司港駅，太宰府天満宮本殿など34（51）
佐賀県	0	与賀神社楼門など11（13）
長崎県	大浦天主堂，崇福寺大雄宝殿，第一峰門3（3）	旧グラバー住宅，旧オルト住宅など24（30）
熊本県	0	熊本城など23（44）
大分県	宇佐神宮本殿，富貴寺大堂2（4）	五輪塔など27（32）
宮崎県	0	興玉神社内神殿など6（7）
鹿児島県	0	霧島神宮本殿など9（16）
沖縄県	0	玉陵墓室，豊見親墓など18（31）

太字は世界遺産登録物件　　　（出所）文化庁文化財部伝統文化課　2001年8月1日現在

Q:085 史跡・名勝・天然記念物，重要伝統的建造物群保存地区は？

都道府県	特別史跡 60件	史跡 1434件	特別名勝 28件	名勝 275件	特別天然記念物 72件	天然記念物 920件	重要伝統的建造物群保存地区 58地区
北 海 道	1	48	—	1	5	32	1 函館市元町末広町
青 森 県	1	14	—	5	1	5	1 弘前市仲町
岩 手 県	3	21	1	6	4	30	1 金ヶ崎町城内諏訪小路地区
宮 城 県	1	32	1	3	1	26	—
秋 田 県	1	10	—	2	1	12	1 角館町角館
山 形 県	—	21	—	6	2	12	—
福 島 県	—	34	—	2	—	24	1 下郷町大内宿
新 潟 県	—	24	—	6	—	25	1 小木町宿根木
茨 城 県	3	23	—	1	—	6	—
栃 木 県	2	32	—	1	1	5	—
群 馬 県	3	40	—	5	1	17	—
埼 玉 県	—	17	—	1	3	9	1 川越市川越
千 葉 県	—	22	—	—	1	11	1 佐原市佐原
東 京 都	—	39	2	5	1	13	—
神奈川県	—	47	—	3	—	6	—
山 梨 県	—	11	1	4	1	31	1 早川町赤沢
長 野 県	1	32	—	4	5	20	4 東部町海野宿，楢川村奈良井，南木曽町妻籠宿，白馬村青鬼
岐 阜 県	—	19	—	3	2	35	4 高山市三町，美濃市美濃町，岩村町岩村本通り，白川村荻町
静 岡 県	3	37	—	8	2	29	—
愛 知 県	1	35	—	4	—	21	—
三 重 県	1	31	—	4	—	17	1 関町関宿
富 山 県	—	16	1	2	3	11	**3 平村相倉，上平村菅沼，高岡市山町筋**
石 川 県	—	19	1	7	1	13	—
福 井 県	1	22	1	13	—	9	1 上中町熊川宿
滋 賀 県	2	30	—	19	1	12	3 大津市坂本，近江八幡市八幡，五個荘町金堂
京 都 府	3	74	11	39	—	9	5 美山町北，京都市上賀茂，産寧坂，祇園新橋，嵯峨鳥居本
大 阪 府	2	62	—	4	—	5	1 富田林市富田林
兵 庫 県	1	36	—	6	1	16	1 神戸市北野町山本通
奈 良 県	10	102	—	8	1	18	1 橿原市今井町
和歌山県	1	20	—	7	—	15	—
鳥 取 県	1	25	—	1	1	11	1 倉吉市打吹玉川
島 根 県	—	49	—	11	1	21	1 大田市大森銀山
岡 山 県	1	42	1	11	—	13	2 成羽町吹屋，倉敷市倉敷川畔
広 島 県	2	23	1	5	—	13	2 豊町御手洗，竹原市竹原地区
山 口 県	—	38	—	10	3	39	3 萩市堀内地区，萩市平安古地区，柳井市古市金屋
徳 島 県	—	5	—	3	1	14	1 脇町南町
香 川 県	1	16	1	4	1	9	1 丸亀市塩飽本島町笠島
愛 媛 県	—	8	—	10	1	20	1 内子町八日市護国
高 知 県	—	8	—	2	2	15	1 室戸市吉良川町
福 岡 県	4	74	—	5	2	23	2 甘木市秋月，吉井町筑後吉井
佐 賀 県	2	19	—	5	2	9	1 有田町有田内山
長 崎 県	2	25	—	3	—	28	2 長崎市東山手，長崎市南山手
熊 本 県	1	27	—	5	1	16	—
大 分 県	1	35	—	1	—	15	—
宮 崎 県	—	17	—	4	3	36	3 日南市飫肥，日向市美々津，椎葉村十根川
鹿児島県	—	17	—	3	6	19	2 知覧町知覧，出水市出水麓
沖 縄 県	—	27	1	5	—	24	2 竹富町竹富島，渡名喜村渡名喜島

（出所）文化庁文化財部伝統文化課　2001年8月1日現在　　太字は世界遺産登録地区

Q:086 わが国の環境行政の主な動きは？

明治28年3月	狩猟法制定
昭和6年4月	国立公園法制定
昭和23年7月	温泉法制定
昭和32年6月	自然公園法制定
昭和38年3月	狩猟法を鳥獣保護及狩猟ニ関スル法律に改正
昭和46年6月	環境庁設置
昭和47年6月	自然環境保全法制定
昭和48年10月	自然環境保全基本方針を閣議決定
昭和48年〜	自然環境保全基礎調査（緑の国勢調査）開始
昭和55年10月	ラムサール条約(特に水鳥の生息地として国際的に重要な湿地に関する条約)が国内発効
昭和55年11月	ワシントン条約(絶滅のおそれのある野生動植物の種の国際取引に関する条約)が国内発効
平成4年6月	絶滅のおそれのある野生動植物の種の国際取引に関する法律制定
平成4年9月	**世界遺産条約（世界の文化遺産及び自然遺産の保護に関する条約）が国内発効**
平成5年11月	環境基本法制定
平成5年12月	生物多様性条約が国内発効
平成6年12月	環境基本計画を閣議決定
平成7年10月	生物多様性国家戦略を地球環境保全に関する関係閣議会議が決定
平成13年1月	省庁再編で環境省へ

Q:087 わが国の文化行政の主な動きは？

明治4年9月	文部省設置
昭和22年3月	教育基本法制定
昭和25年5月	文化財保護法公布
昭和26年4月	宗教法人法公布
昭和26年7月	日本，ユネスコに正式加盟
昭和43年6月	文部省文化局と文化財保護委員会を合わせて文化庁設置
昭和61年11月	第1回国民文化祭（開催地 東京都）開催
平成2年3月	芸術文化振興基金を創設
平成4年9月	**世界遺産条約（世界の文化遺産及び自然遺産の保護に関する条約）が国内発効**
平成6年9月	近代の文化遺産の保存と活用のあり方について調査研究開始
平成7年7月	文化政策推進会議「新しい文化立国をめざして－文化振興のための当面の重点施策について－」を提言
平成8年6月	文化財登録制度導入
平成9年10月	新国立劇場開場
平成10年3月	21世紀へ向けた文化立国実現のための「文化振興マスタープラン」を策定
平成13年1月	省庁再編で文部科学省へ
平成13年1月	文化財保護審議会は文化審議会へ
平成13年5月	都市計画法及び建築基準法の一部を改正する法律の施行に伴う文化財保護法の一部改正
平成13年7月	ユネスコ加盟50周年

Q:088　わが国の世界遺産保護に係る国際協力とは？

A:088　外務省では，世界の文化遺産の保存・修復へ協力，文化無償協力など開発途上国の文化・教育の振興に対する国際協力を行っています。

自然遺産関係では，環境省が，開発途上国の自然遺産の管理計画策定など支援の為の調査費を確保し，これまでに，フィリピンのトゥバタハ岩礁海洋公園，インドネシアのコモド国立公園，タイのトゥンヤイ・ファイカケン野生生物保護区等の管理調査に協力しています。

文化遺産関係では，文化庁が，世界遺産基金に対しての出資，ユネスコ（国連教育科学文化機関）文化遺産保存日本信託基金への拠出，ユネスコ無形文化財保存振興信託基金への拠出，文化財及び文化遺産の保存や活用などの文化無償協力，アンコール遺跡群の文化遺産保護に携わるカンボジアの研究者と保存修復及び環境整備等を中心とする共同研究，国際的に文化財保護の活動を行っている機関との連携や協力体制，その在り方等について調査研究，敦煌の莫高窟の文化財保存修復に関する研究協力などを行っています。

- 外務省国内広報課　☎03-3580-3311（代表）　http://www.mofa.go.jp/mofaj/
- 環境省大臣官房総務課　☎03-3581-3351（代表）　http://www.eic.or.jp/eanet/
- 文化庁長官官房総務課　☎03-3581-4211（代表）　http://www.bunka.go.jp/

Q:089　わが国の世界遺産関連の予算措置は？

A:089　環境省関係では，世界遺産地域の保全管理の為，一般的な国立公園等の管理費や施設整備費の他に，生態系のモニタリング等の調査研究費，重点的な巡視の為の経費，標識や巡視歩道等の整備費，保護管理，調査研究，普及啓発等の拠点となる屋久島世界遺産センターや白神山地世界遺産センター等を整備しています。

文化庁関係では，世界遺産条約に基づく世界遺産基金に対しての出資，ユネスコ文化遺産保存日本信託基金やユネスコ無形文化財保存振興信託基金への拠出，わが国の遺産の推薦を推進すると共に，国際的な専門家会議への参画及び世界遺産保護への国民の関心・意欲を高める為の世界遺産フォーラム等を開催，それに，文化財の次世代への継承・発展の為の史跡等の保存整備・活用（公有化助成，史跡等保存修理等）や文化財の保存修理等，文化振興のための基盤整備として，平城宮跡第一次大極殿正殿復原工事着手など新たな文化拠点の整備などをしています。

外務省関係では，世界の文化遺産，なかでも開発途上国の文化遺産の保存，修復支援や文化振興を支援する「文化の協力」を文化無償協力などを通じて様々な形で展開しています。

- 外務省国内広報課　☎03-3580-3311（代表）　http://www.mofa.go.jp/mofaj/
- 環境省大臣官房総務課　☎03-3581-3351（代表）　http://www.eic.or.jp/eanet/
- 文化庁長官官房総務課　☎03-3581-4211（代表）　http://www.bunka.go.jp/

Q:090　外務省の組織は，どのようになっていますか？

A:090　わが国の外交を担う**外務省**（Ministry of Foreign Affairs）の組織は，下図のようになっています。

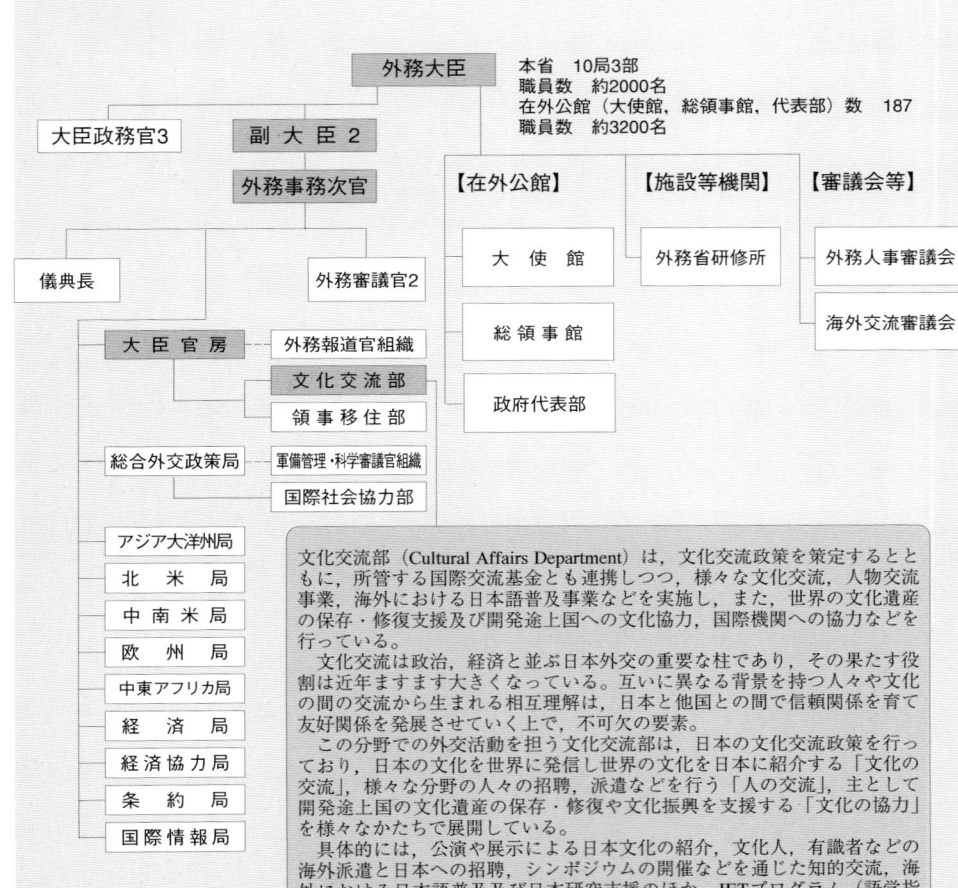

```
                    外務大臣
                       │
        ┌──────────────┼──────────────┐
    大臣政務官3    副 大 臣 2
                       │
                  外務事務次官
                       │
    ┌──────────────────┼──────────────────┐
  儀典長            外務審議官2
    │
  大臣官房 ── 外務報道官組織
             文化交流部
             領事移住部
  総合外交政策局 ── 軍備管理・科学審議官組織
                    国際社会協力部
  アジア大洋州局
  北 米 局
  中 南 米 局
  欧 州 局
  中東アフリカ局
  経 済 局
  経済協力局
  条 約 局
  国際情報局
```

本省　10局3部
職員数　約2000名
在外公館（大使館，総領事館，代表部）数　187
職員数　約3200名

【在外公館】
- 大 使 館
- 総 領 事 館
- 政府代表部

【施設等機関】
- 外務省研修所

【審議会等】
- 外務人事審議会
- 海外交流審議会

　文化交流部（Cultural Affairs Department）は，文化交流政策を策定するとともに，所管する国際交流基金とも連携しつつ，様々な文化交流，人物交流事業，海外における日本語普及事業などを実施し，また，世界の文化遺産の保存・修復支援及び開発途上国への文化協力，国際機関への協力などを行っている。
　文化交流は政治，経済と並ぶ日本外交の重要な柱であり，その果たす役割は近年ますます大きくなっている。互いに異なる背景を持つ人々や文化の間の交流から生まれる相互理解は，日本と他国との間で信頼関係を育て友好関係を発展させていく上で，不可欠の要素。
　この分野での外交活動を担う文化交流部は，日本の文化交流政策を行っており，日本の文化を世界に発信し世界の文化を日本に紹介する「文化の交流」，様々な分野の人々の招聘，派遣などを行う「人の交流」，主として開発途上国の文化遺産の保存・修復や文化振興を支援する「文化の協力」を様々なかたちで展開している。
　具体的には，公演や展示による日本文化の紹介，文化人，有識者などの海外派遣と日本への招聘，シンポジウムの開催などを通じた知的交流，海外における日本語普及及び日本研究支援のほか，JETプログラム（語学指導などを行う外国青年招致事業），国費留学生の選考や帰国留学生会の支援を含む留学生交流，青少年交流，オリンピックなどの国際大会への協力や専門家派遣といったスポーツ交流などを実施している。
　また，世界の貴重な文化遺産の保存・修復への取り組み，文化無償協力を通じた開発途上国の国造りへの支援や，ユネスコや国連大学といった国際機関の諸活動への協力も行っている。
　ユネスコ（国連教育科学文化機関），文化遺産の保存や修復支援等の対外窓口は，**国際文化協力室**（Multilateral Cultural Cooperation Division　内線3677）が務めている。

☞　外務省
〒100-8919　東京都千代田区霞ヶ関2丁目2番1号　℡03-3580-3311（代表）
http://www.mofa.go.jp/mofaj/

Q:091　世界遺産を通じてのわが国の国際貢献は可能ですか？

A:091　世界遺産の保護や保全について考えることは、オゾン層の破壊、気候の温暖化、生物多様性の保全など広義の**地球環境問題**を考えることでもあります。日本の**国際貢献**のあり方、なかでも、国際機関に対する出資・拠出や二国間援助など**政府開発援助**（Official Development Assistance＝ODA）による経済協力あり方も開発途上国のインフラ整備の為だけではなく、これらの国々の自然環境や文化財の保護にも十分配慮した対応が必要です。

　また、政府とは異なる国民の立場から国際協力、支援活動を行っている民間国際協力組織の**NGO**（Non-Govenmental Organization）を育成し、国民参加型の国際援助活動を推進していくことも大きなパワーに繋がります。

　アジア・太平洋地域（Asia & the Pacific）には、万里の長城（中国）、タージ・マハル（インド）、アンコール（カンボジア）、ボロブドール遺跡群（インドネシア）、トンガリロ国立公園（ニュージーランド）など数多くの世界遺産があります。なかでも、わが国と東アジア地域とは、地理的な近接性もあり、歴史的、文化的にも関係が深いものがあります。

　わが国は、21世紀には、次頁に示す様に、環太平洋地域、環日本海地域にもリンクする、主に旧ソ連邦諸国からなるCIS（＝Commonwealth of Independent States 独立国家共同体）、西アジアや中央アジアも含めたアジア地域、オーストラリアやニュージーランドなどのオセアニア地域、アメリカ地域の一部も視野に入れた**地球戦略**（Global Strategy）が必要であり、世界遺産の保護・保全を通じた国際交流と地域間交流を展開していくことが大変重要です。

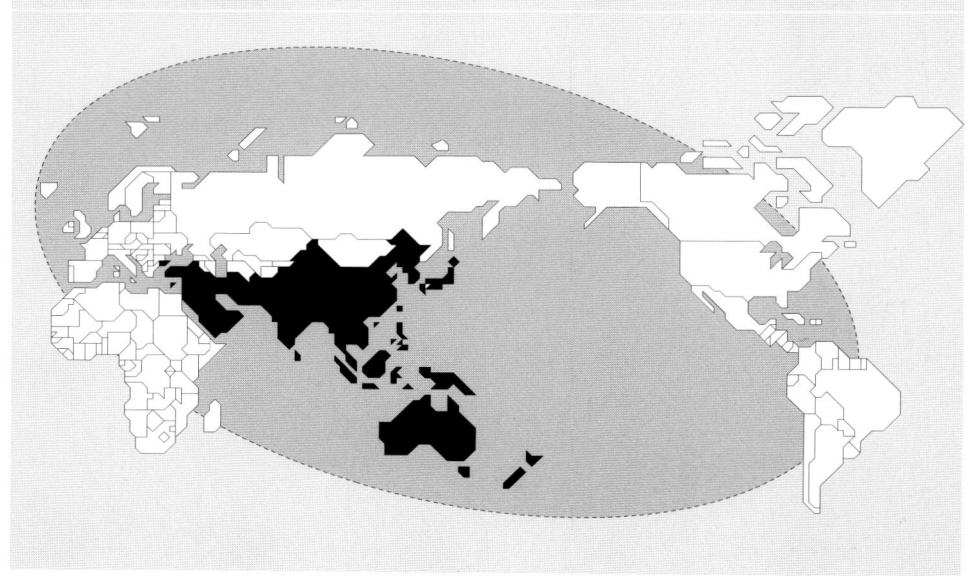

「世界遺産ガイド　－アジア・太平洋編－」（シンクタンクせとうち総合研究機構）
「環日本海エリア・ガイド」（シンクタンクせとうち総合研究機構）

Q:092 アジア・太平洋地域の国と地域（含む周辺諸国）の世界遺産は？

国と地域名		国連加盟	ユネスコ条約	世界遺産条約	自然遺産	文化遺産	複合遺産	合計	危機遺産	IUCN	ICOMOS	ICCROM	ハーグ条約	生物多様性条約	ラムサール条約	ワシントン条約	気候変動枠組み条約	在日公館	在外公館
CIS※	ロシア連邦	○	○	○	5	11	0	16	0	○	○	―	○	○	○	○	○	○	○
	アゼルバイジャン共和国	○	○	○	0	1	0	1	0	―	―	―	○	○	○	―	○	―	○
	アルメニア共和国	○	○	○	0	3	0	3	0	―	○	○	○	○	○	○	○	―	兼
	キルギス共和国	○	○	○	0	0	0	0	0	○	○	―	○	○	○	○	○	―	兼
	グルジア共和国	○	○	○	0	3	0	3	0	○	○	○	○	○	○	○	○	―	兼
	ウズベキスタン共和国	○	○	○	0	3	0	3	0	―	―	○	○	○	○	○	○	―	○
	カザフスタン共和国	○	○	○	0	0	0	0	0	○	○	○	○	○	○	○	○	○	○
	タジキスタン共和国	○	○	○	0	0	0	0	0	○	○	―	○	○	○	○	○	―	兼
	トルクメニスタン	○	○	○	0	1	0	1	0	○	○	―	○	○	○	○	○	―	兼
アジア	アフガニスタンイスラム国	○	○	○	0	0	0	0	0	○	○	○	○	○	○	○	―	閉	閉
	アラブ首長国連邦	○	○	○	0	0	0	0	0	○	○	○	○	○	○	○	○	○	○
	イエメン共和国	○	○	○	0	3	0	3	1	○	○	○	○	○	○	○	○	○	○
	イスラエル国	○	○	○	0	0	0	0	0	○	○	○	○	○	○	○	○	○	○
	イラク共和国	○	○	○	0	1	0	1	0	○	○	○	○	○	○	○	○	○	閉
	イランイスラム共和国	○	○	○	0	3	0	3	0	○	○	○	○	○	○	○	○	○	○
	オマーン国	○	○	○	1	3	0	4	1	○	○	○	○	○	○	○	○	○	○
	カタール国	○	○	○	0	0	0	0	0	○	○	○	○	○	○	○	○	○	○
	キプロス共和国	○	○	○	0	3	0	3	0	○	○	○	○	○	○	○	○	兼	兼
	クウェート国	○	○	―	―	―	―	―	―	○	○	○	○	○	○	○	○	○	○
	サウジアラビア王国	○	○	○	0	0	0	0	0	―	○	○	○	○	○	○	○	○	○
	シリアアラブ共和国	○	○	○	0	4	0	4	0	―	○	○	○	○	―	○	○	○	○
	トルコ共和国	○	○	○	0	7	2	9	0	○	○	○	○	○	○	○	―	○	○
	パキスタンイスラム共和国	○	○	○	0	6	0	6	1	○	○	○	○	○	○	○	○	○	○
	パレスチナ	―	―	―	―	―	―	―	―	―	―	―	―	―	―	―	―	―	―
アジア	バーレーン国	○	○	○	0	0	0	0	0	―	○	○	○	○	○	○	○	○	○
	ヨルダンハシミテ王国	○	○	○	0	3	0	3	1	○	○	○	○	○	○	○	○	○	○
	レバノン共和国	○	○	○	0	5	0	5	0	○	○	○	○	○	○	○	○	○	○
	インド	○	○	○	5	17	0	22	2	○	○	○	○	○	○	○	○	○	○
	インドネシア共和国	○	○	○	3	3	0	6	0	○	○	―	○	○	○	○	○	○	○
	カンボジア王国	○	○	○	0	1	0	1	1	―	―	○	○	○	○	○	○	○	○
	シンガポール共和国	○	―	―	―	―	―	―	―	○	―	―	○	○	○	○	○	○	○
	スリランカ民主社会主義共和国	○	○	○	1	6	0	7	0	○	○	○	○	―	○	○	○	○	○
	タイ王国	○	○	○	1	3	0	4	0	○	○	○	○	○	○	○	○	○	○
	大韓民国	○	○	○	0	7	0	7	0	○	―	○	○	○	○	○	○	○	○

※わが国を中心に見たアジア・太平洋地域と環状に隣接するCISとアメリカの一部を掲出しています。

世界遺産Q&A－世界遺産の基礎知識－

国と地域名		国連加盟	ユネスコ条約	世界遺産条約	自然遺産	文化遺産	複合遺産	合計	危機遺産	IUCN	ICOMOS	ICCROM	ハーグ条約	生物多様性条約	ラムサール条約	ワシントン条約	気候変動枠組み条約	在日公館	在外公館
ア ジ ア	朝鮮民主主義人民共和国	○	○	○	0	0	0	0	0	○	○	○	—	○	—	○	○	—	—
	中華人民共和国	○	○	○	4	20	3	27	0	○	○	○	○	○	○	○	○	○	○
	日本国	○	○	○	2	9	0	11	0	○	○	○	○	○	○	○	○		
	ネパール王国	○	○	○	2	2	0	4	0	○	○	—	—	○	○	○	○	○	○
	バングラデシュ人民共和国	○	○	○	1	2	0	3	0	○	○	○	○	○	○	○	○	○	○
	フィリピン共和国	○	○	○	2	3	0	5	0	○	○	○	○	○	○	○	○	○	○
	ブータン王国	○	○	○						○				○		○	○	兼	兼
	ブルネイダルサラーム国	○	—							○				○		○	○	○	○
	ベトナム社会主義共和国	○	○	○	1	3	0	4	0	○	○	○	○	○	○	○	○	○	○
	マレーシア	○	○	○	2	0	0	2	0	○	○	○	○	○	○	○	○	○	○
	ミャンマー連邦	○	○		0	0	0	0	0	○	○			○		○	○	○	○
	モルジブ共和国	○	○		0	0	0	0	0	○				○		○	○	—	兼
	モンゴル国	○	○	○	0	0	0	0	0	○	○	○	○	○	○	○	○	○	○
	ラオス人民民主共和国	○	○	○	0	1	0	1	0	○	○	○	○	○	○	○	○	○	○
	台湾	—	—	—	—	—	—	—	—	—	—	—	—	—	—	—	—		
	マカオ	—	○								○									
太 平 洋	オーストラリア	○	○	○	10	0	4	14	0	○	○	○	○	○	○	○	○	○	○
	キリバス共和国	○	○	○	0	0	0	0	0	○				○			○	兼	兼
	クック諸島	—	○		—	—	—	—	—					○			○		
	ソロモン諸島	○	○	○	1	0	0	1	0	○				○		○	○	—	○
	ツバル	○	○											○			○	—	兼
	トンガ王国	○	○											○			○	—	兼
	ナウル共和国	○	○											○			○	—	兼
	ニウエ	—	○	○	0	0	0	0	0					○			○		—
	サモア	○	○											○			○	—	兼
	ニュージーランド	○	○	○	2	0	1	3	0	○	○	○	○	○	○	○	○	○	○
	バヌアツ共和国	○	○	○						○				○			○	—	兼
	パプアニューギニア	○	○	○	0	0	0	0	0	○	○			○		○	○	○	○
	パラオ共和国	○	○											○			○		
	フィジー共和国	○	○	○	0	0	0	0	0	○				○		○	○	○	○
	マーシャル諸島共和国	○	○											○			○		
	ミクロネシア連邦	○	○											○			○		
ア メ リ カ ※	カナダ	○	○	○	8	5	0	13	0	○	○	○	○	○	○	○	○	○	○
	アメリカ合衆国	○	—	○	12	8	0	20	2	○	○	○	○		○	○	○	○	○
	メキシコ合衆国	○	○	○	2	19	0	21	0	○	○	○	○	○	○	○	○	○	○
	チリ共和国	○	○	○	0	2	0	2	0	○	○	○	○	○	○	○	○	○	○

○加盟国, 条約締約国　　閉　閉鎖中　　兼　兼轄

113

Q:093　日本国内で各国の世界遺産のことを調べるには？

A:093　日本国内で外国のことを調べるには，というご質問をよく受けます。大使館は，基本的には，各国の首都（日本の場合東京）におかれ，その国を代表するもので，相手国政府との交渉や連絡，政治・経済その他の情報の収集・分析，その国のことを正しく理解してもらう為の広報文化活動などを行っています。総領事館や領事館は，日本の主要な都市に置かれ，その地方の在留者の保護，通商問題の処理，政治・経済その他の情報の収集・広報文化活動などの仕事を行っています。また，在日の外国政府観光局なども，大変役に立つ出先機関で，東京を中心に大阪，名古屋，福岡などにも事務所が置かれている場合があります。

　情報機関別では，国際機関，各種団体，研究機関，図書館，通信社，新聞社，テレビ局，フォト・ライブラリー，航空会社，旅行会社などの図書室や資料室も公開されている場合には，活用されると良いでしょう。

　情報メディア別では，資料，ニューズレター，リーフレット，書籍，雑誌，テレビ番組，ビデオ，CD-ROM，インターネットで，「世界遺産」のことを取り上げたものが，数多く出ていますので，参考にされると良いでしょう。

　なかでも，インターネットの普及によって，私たちを取り巻く情報環境も大きく変化しつつあります。以前はレターを書き，文書の往復で何日もかかっていた情報の収集も当事者と直接に，また，瞬時にコミュニケーションが行える様になりました。

　コミュニケーション言語は，英語が中心ですが，フランス語，ドイツ語，スペイン語，ポルトガル語，イタリア語，アラビア語，中国語，韓国語などの言語も出来れば，世界遺産の領域も大きく広がり，これまで，日本語でしか知り得なかったことも，現地の情報をより正確に，より詳しく知ることができる様になりました。

急速に普及するインターネット

☞　「世界遺産事典－関連用語と全物件プロフィール－2001改訂版」（シンクタンクせとうち総合研究機構）

Q:094　今後も日本の世界遺産は増えていきますか？

A:094　日本国内の自然環境や文化財が，世界遺産として登録されるということは，あらためて身近な自然や文化を見直すきっかけになるとともに，世界の目からも常に監視されるため，その保護・保全のために，より一層の努力が求められることとその責任を負うということにつながります。

世界遺産は，世界遺産地を国内外にアピールできる絶好の機会となることも確かですが，世界のお手本を学んでいくことを通じ，自分達の環境をグローバルな視点から見つめ直し，21世紀の国土づくりや地域づくりに反映していくことができれば，社会的にも大変意義のあることです。

日本には，世界に誇れる自然環境や文化財が各地に数多くあり，今後も，より多くの物件がユネスコの世界遺産に登録されていくことが期待されています。また，日本の各地で世界遺産化運動が活発になっているのも事実です。

2000年11月17日に開催された文化財保護審議会（現 文化審議会）の世界遺産条約特別委員会では，1999年10月に開催された第12回世界遺産条約締約国会議で決議された「世界遺産リストの代表性を確保する方法と手段」の方針に基づいて，

1) 文化的景観や産業遺産などを選考対象とする。
2) 選定する物件を厳選することとし，
　①世界文化の見地から高い価値を有している国宝建造物，特別史跡，特別名勝を中心とする一群の文化財から選定する。
　②特に世界的意義が認められるもの，日本の遺産を代表するもの，同種の物件の国内外における比較において代表的なものを選定する。
3) 保護の体制が整備され，環境保全が十分図られているものを対象とする。

ことを今後のわが国の新たな世界遺産候補の選定の考え方として明らかにしています。

世界遺産に登録される為の基本要件を充足させ，世界遺産化への環境整備を図っていくことが重要です。

このことは，たとえそれが世界遺産にならなくても，そのプロセスがきわめて重要で，顕著な普遍的価値を有する世界遺産の考え方は，どこにでも通用する価値基準であり，地域づくりの考え方にも符号するものなのです。

その考え方が，点から線へ，線から面へと広がりをみせ，自然環境や文化財の保護管理体制にも広域的な対応が計られれば，望ましい展開にも繋がります。

それが，ひいては，**内外に誇れる国土づくり**にも繋がり，文化の薫り高い国民性と地域風土を形成し，文化大国として，国際的にも尊重されていくと思うのです。

「世界遺産ガイドー日本編－2001改訂版」（シンクタンクせとうち総合研究機構）
「世界遺産事典－関連用語と全物件プロフィールー2001改訂版」（シンクタンクせとうち総合研究機構）
「世界遺産入門　－地球と人類の至宝－」（シンクタンクせとうち総合研究機構）

Q:095 世界遺産条約の本旨と今後の課題は？

A:095 世界遺産条約は，毎年，新たな物件を世界遺産リスト（World Heritage List）に登録していくことが究極の目的ではありません。地球と人類の脅威からこれらの物件を保護・保全し救済，修復していくのが本来の趣旨のはずで，**危機にさらされている世界遺産**を救済していくことこそがその本旨だと思います。

また，世界遺産条約を締約していない国と地域にも世界遺産リストに登録されている物件に匹敵するすばらしい物件が数多くあります。これらの中には，**危機にさらされている世界遺産**と同様に，干ばつなどの災害や民族紛争や領土問題等により深刻な危機に直面している物件も数多くあることを忘れてはいけません。

全地球的な観点に立つならば，
1) 今後，これらの物件をどのように扱い，どのように保護・保全していくのか
2) 各締約国の登録推薦段階からの世界遺産リストへの登録物件の厳選
3) 世界遺産登録物件数のヨーロッパ・アメリカ偏重など地域的不均衡（Regional Imbalance）の解消
4) 現状，文化遺産に偏重している世界遺産登録物件数の自然遺産と文化遺産の数の均衡（Balance between the Cultural and the Natural Heritage）
5) 2001年3月にイスラム原理主義勢力のタリバンによって破壊された2000年以上前に彫られたとされる世界最大級の立像であるバーミヤン石仏（アフガニスタン）などの人災，2001年6月にペルー第2の都市アレキパ（カテドラルなどの文化財がある歴史地区は，2000年に文化遺産に登録されている）を襲った予期せぬ地震（マグニチュード8.1　阪神大震災がM7.2　関東大震災がM7.9）などの天災に見舞われた場合の緊急措置の発動など，世界遺産や危機にさらされている世界遺産（【危機遺産】）への登録手続きの迅速化
6) 経済開発と環境保全のあり方

など数々の課題があります。

また，世界遺産委員会では，ヨーロッパ・北アメリカ（Europe & North America），ラテンアメリカ・カリブ（Latin America & the Caribbean），アラブ諸国（Arab States），アジア・太平洋（Asia & the Pacific），アフリカ（Africa）の5つの地域別にグローバル・ストラテジー（Global Strategy　世界遺産の地域的な均衡を図り，世界の多様な文化が反映した豊かな内容の世界遺産リストとする為の戦略）を企図し，これらの問題の解消に努めています。

- 「世界遺産ガイド－世界遺産条約編－」（シンクタンクせとうち総合研究機構）
- 「世界遺産入門－地球と人類の至宝－」（シンクタンクせとうち総合研究機構）
- 「世界遺産事典－関連用語と全プロフィール－2001改訂版」（シンクタンクせとうち総合研究機構）
- 「世界遺産Q&A－世界遺産化への道しるべ－」（シンクタンクせとうち総合研究機構）

Q:096　ユネスコの職員になるには？

A:096　国際化の進展，また，テレビ放映などによりユネスコへの関心が高まっています。ユネスコは，国際連合の教育科学文化に関する専門機関で，ユネスコの職員になるということは，**国際公務員**への道をめざすことになります。

　国際機関における人事の慣行は，新卒者を定期的に一括採用した後，研修や実務を通じて人材を育てるといった方法ではなく，ポストに空席が生じる毎に専門的な知識と経験を持ち，採用後，直ちにポストが要求する職務を遂行しうる即戦力となる人材を，広く国際的に募っています。

　また，ユネスコ事務局では，若手専門職員の採用を進める為，**ヤング・プロフェッショナル・プログラム**（Young Professionals' Programme）を設けています。この制度により採用された場合には，1年契約で本部（パリ）のいずれかの部局で職務を経験し，勤務成績が優秀であれば，任期延長の可能性があります。

　外務省国際機関人事センターでは，国際機関への就職を希望する国民の為に，国際機関からの職員採用情報の提供と応募にあたってのアドバイスを行っています。

☞　外務省国際社会協力部国連行政課国際機関人事センター
　〒100-8919　東京都千代田区霞ヶ関2丁目2番1号　☎03-3580-3311（代表）（内線）2841　℻03-3581-9473
　Recruitment at UNESCO　http://www.unesco.org/per/index.html

Q:097　外務省，文化庁，環境省は霞ヶ関のどこにありますか？

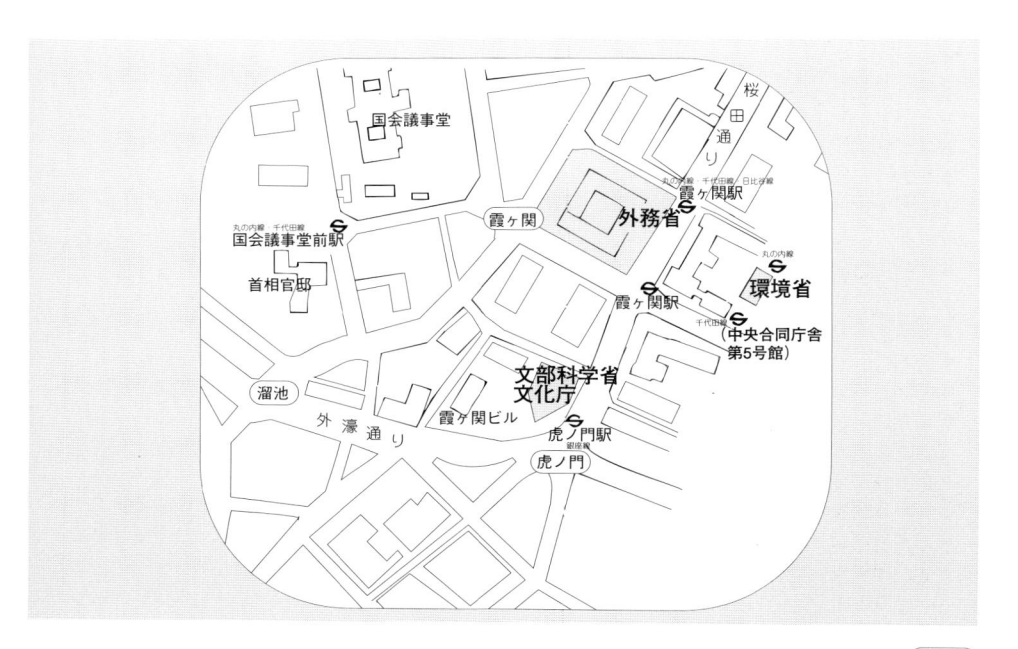

Q:098 世界遺産研究で参考になる基礎資料は？

● The World Heritage	UNESCO World Heritage Centre
● The World Heritage List	UNESCO World Heritage Centre
● Brief Descriptions of World Heritage Sites	UNESCO World Heritage Centre
● The World Heritage map	UNESCO World Heritage Centre
● Text of the Convention concerning the Protection of the World's Cultural and Natural Heritage	UNESCO World Heritage Centre
● Operational Guidelines for the Implementation of the World Heritage Convention	UNESCO World Heritage Centre
● The World Heritage newsletter	UNESCO World Heritage Centre
● The World Heritage Convention, Twenty Years On	UNESCO
● ユネスコの概要	文部科学省学術国際局
● 文部科学省のあらまし－我が国の教育・学術・文化・スポーツ－	文部科学省大臣官房総務課広報室
● 環境省～21世紀　環境の世紀を迎えて～	環境省大臣官房政策評価広報課
● 環境省自然環境局～人と自然との共生をめざして～	環境省自然環境局
● 外務省（MINISTRY OF FOREIGN AFFAIRS）	外務省大臣官房国内広報課
● 世界遺産条約	外務省条約局国際協定定課
● 我が国の文化行政	文化庁
● ユネスコ世界遺産年報	日本ユネスコ協会連盟
● ユネスコ・アジア文化ニュース	ユネスコ・アジア文化センター（ACCU）
● 文化遺産解説書シリーズ	ユネスコ・アジア文化センター（ACCU）
● 世界遺産条約資料集	日本自然保護協会（NACS-J）
● 世界遺産資料集　南米編／インド編	地球・人間環境フォーラム
● 日本の世界自然遺産　白神山地　屋久島	環境庁（現　環境省）
● 白川郷・五箇山の合掌造り集落	合掌造り集落世界遺産記念事業実行委員会
● 世界遺産登録　古都京都の文化財（京都市・宇治市・大津市）	京都市文化財保護課
● いかるが	斑鳩町・斑鳩町観光協会
● 世界遺産　古都奈良の文化財	奈良市・奈良国立文化財研究所ほか
● 国宝　姫路城	姫路市・姫路観光協会
● 世界遺産　原爆ドーム	広島平和文化センター
● 原爆ドーム世界遺産化への道	原爆ドームの世界遺産化をすすめる会
● 世界文化遺産　厳島神社	宮島町
● 屋久島　時を超えて太古の風が吹きぬける	屋久島観光連絡協議会
● 琉球王国のグスク及び関連遺産群	世界遺産登録記念事業実行委員会
● 佐藤敦子の遺跡紀行　ユネスコ世界遺産125	BeeBooks
● 世界遺産事典　－関連用語と全物件プロフィール－ 2001改訂版	シンクタンクせとうち総合研究機構
● 世界遺産データ・ブック　－2001年版－	シンクタンクせとうち総合研究機構
● 世界遺産ガイド　－日本編－ 2001改訂版	シンクタンクせとうち総合研究機構
● 世界遺産ガイド　－世界遺産条約編－	シンクタンクせとうち総合研究機構
● 世界遺産マップス－地図で見るユネスコの世界遺産－	シンクタンクせとうち総合研究機構
● 世界遺産フォトス－写真で見るユネスコの世界遺産－	シンクタンクせとうち総合研究機構

Q:099　世界遺産研究で参考になるインターネットURLは？

- 国際連合教育科学文化機関（UNESCO）地球遺産　http://www.inpaku.unesco.org/index.html
- ユネスコ世界遺産センター　http://www.unesco.org/whc
- World Heritage Information Network　http://www.unesco.org/whin
- ICOMOS（国際記念物遺跡会議）　http://www.icomos.org
- IUCN（国際自然保護連合）　http://www.iucn.org
- ICCROM（文化財保存修復研究国際センター）　http://www.iccrom.org
- ICOM（国際博物館協議会）　http://www.icom.org/
- NWHO（北欧ワールド・ヘリティッジ事務所）　http://www.grida.no/ext/nwho
- OWHC（世界遺産都市連盟）　http://www.ovpm.org/ovpm
- WCMC（世界環境保全モニタリング・センター）　http://www.wcmc.org.uk
- 人間と生物圏計画（MAB）　http://www.unesco.org/mab/
- ラムサール条約事務局　http://ramsar.org
- World Monuments Fund　http://www.worldmonuments.org/html/main.htm
- 国際連合広報センター　http://www.un.org
- インターネット博覧会インパク楽網楽座　http://www.inpaku.go.jp/
- 外務省　http://www.mofa.go.jp/mofaj/
- 文部科学省　http://www.mext.go.jp/
- 文化庁　http://www.bunka.go.jp
- 環境省　http://www.env.go.jp/
- 林野庁　http://www.rinya.maff.go.jp/index.html
- 国土交通省　http://www.mlit.go.jp/
- 生物多様性情報システム　http://www.biodic.go.jp/J-IBIS
- 環境省国立環境研究所環境情報センター　http://www.nies.go.jp
- 日本ユネスコ国内委員会　http://www.mext.go.jp/english/shotou/001001.htm
- ユネスコ・アジア文化センター　http://www.accu.or.jp
- ㈳日本ユネスコ協会連盟　http://www.unesco.or.jp
- ㈳日本自然保護協会　http://www.nacsj.or.jp
- National Geographic Clearinghouse　http://www.nationalgeographic.com/media/ngm/
- The League of Historical Cities Secretariat　http://www.city.kyoto.jp/somu/kokusai/lhcs
- 奈良文化財研究所　http://www.nabunken.go.jp/
- 東京文化財研究所　http://www.tobunken.go.jp/index_j.html
- ㈶文化財保護振興財団　http://www. bunkazai.or.jp/index.html
- 文化財保存修復学会　http://www1.ocn.ne.jp/~jsccp/index-j.html
- 日本文化財科学会　http://www.asahi-net.or.jp/~zh4y-nsd/SSSCP.html
- ㈶なら・シルクロード博記念国際交流財団　http://www.pref.nara.jp/silk/index.html
- ㈶地球・人間環境フォーラム　http://www.shonan.ne.jp/~gef20/gef/index.html
- 歴史街道推進協議会　http://www.kiis.or.jp/rekishi/
- TBS（東京放送）　http://www.tbs.co.jp/heritage
- 世界遺産資料館　http://homepage1.nifty.com/uraisan/
- シンクタンクせとうち総合研究機構　http://www.dango.ne.jp/sri

キーワード索引

ピサのドゥオモ広場
(Piazza del Duomo,Pisa)
文化遺産（登録基準（ⅰ）（ⅱ）（ⅳ）（ⅵ））　1987年登録
（写真提供）イタリア政府観光局（ENIT）

索引

あ

ICCROM	63
ICOMOS	62
ICOM	14
IUCN	63
遺跡	22
厳島神社	74
石見銀山遺跡	78
NGO	62
NWHO	14
オーセンティシティ	79
Operational Guidelines	46
OWHC	65

か

外務省	110
核心地域	56
各国からの推薦物件	66
確認危険	32
環境省	98
緩衝地域	56
紀伊山地の霊場と参詣道	78
危機にさらされている世界遺産の分布	34
危機にさらされている世界遺産リスト	30
危機にさらされている世界遺産リストへの登録基準	32
気候変動枠組み条約	112
記念物	22
近代遺産	86
グローバル・ストラテジー	116
原生自然環境保全地域	103
建造物群	22
顕著な普遍的価値	49
原爆ドーム	58
コア・ゾーン	56
国際援助	69
国際記念物遺跡会議	62
国際貢献	111
国際連合	9
国設鳥類保護区	103
国土づくり	84
国宝（建造物）	106
国立公園・国定公園	102
古都鎌倉の寺院・神社ほか	78
古都京都の文化財	74
古都奈良の文化財	74
古都保存法	100

さ

産業遺産	86
産業への波及効果	82
暫定リスト	78
暫定リストの推薦書式	79
史跡	107
自然遺産	20
自然遺産のタイプ別分類	89
自然遺産の登録基準	51
自然環境保全地域	103
自然環境保全法	101
自然公園法	101
自然災害	33
重要伝統的建造物群保存地区	107
重要文化財（建造物）	106
白神山地	56
白川郷・五箇山の合掌造り集落	74
人為災害	33
人類の負の遺産	94
生態系	20
生物多様性	20
生物多様性条約	20
世界遺産	6
世界遺産委員会	38
世界遺産委員会委員国	38
世界遺産委員会がこれまでに開催された都市	42
世界遺産委員会のこれまでの開催歴と登録物件数	41
世界遺産委員会ビューロー会議	45
世界遺産化	60
世界遺産化による地域波及効果	81
世界遺産化のタイム・テーブル	60
世界遺産学	88
世界遺産基金	68
世界遺産講座	88
世界遺産条約	14
世界遺産条約締約国	15
世界遺産条約締約国の義務	73
世界遺産条約締約国の総会	38
世界遺産条約履行の為の作業指針	46
世界遺産推薦の書式と内容	55
世界遺産地域管理計画	57
世界遺産都市機構	65
世界遺産とNGOとの関わり	62
世界遺産の数	10
世界遺産の潜在危険	33
世界遺産の登録基準	50
世界遺産の登録範囲	56
世界遺産の分布	12
世界遺産の保全状況の監視	72
世界遺産の歴史的な位置づけ	92
世界遺産化への可能性	80
世界遺産への登録手順	54

122

索引

世界遺産化への登録要件·········48
世界遺産リスト·········19
世界の文化遺産および自然遺産の保護に関する条約 14
潜在危険·········32
戦争遺跡·········94

た

WCMC·········64
WHIN·········64
地域づくり·········84
地域紛争·········36
地球戦略·········111
中央環境審議会·········101
鳥獣保護法·········101
定期報告·········72
天然記念物·········107
登録基準·········50

な

二国にまたがる世界遺産·········87
20世紀の人類の戦争·········36
日光の社寺·········74
日本の世界遺産·········74
日本ユネスコ国内委員会·········8
人間と生物圏（MAB）計画·········69

は

ハーグ条約·········112
バーミヤン石仏·········116
バッファー・ゾーン·········56
彦根城·········78
姫路城·········74
平泉の文化遺産·········78
広島の平和記念碑（原爆ドーム）·········74
負の遺産·········94
文化遺産·········22
文化遺産のタイプ別分類·········90
文化遺産の登録基準·········52

文化行政·········108
文化財の分類·········105
文化財保護法·········104
文化審議会·········104
文化庁·········99
文化的景観·········26
複合遺産·········28
ボーダーレス·········87

ま

MAB·········8
名勝·········107
モニタリング·········71
モニュメント·········22
文部科学省·········99

や

屋久島·········57
UNEP WCMC·········64
ユネスコ·········8
ユネスコ・アジア文化センター
　文化遺産保護協力事務所·········8
ユネスコ憲章·········8
ユネスコ世界遺産センター·········44

ら

ラムサール条約·········20
リアクティブ・モニタリング·········72
歴史の人物とゆかりのある世界遺産·········96
歴史都市連盟·········65
琉球王国のグスク及び関連遺産群·········74
林野庁·········100

わ

ワシントン条約·········20

【資料・写真提供】
Ed Keall, Royal Ontario Museum、イラン・イスラム共和国大使館、ネパール政府観光局、中国国家観光局、ギリシャ政府観光局、イタリア政府観光局（ENIT）、スペイン政府観光局、フランス政府観光局、オーストリア政府観光局、ドイツ観光局、Rose-Marie Bjuhr - Riksantikvarieambetet、Swedish Travel & Tourism Council、Info Baltic/Acke Sandstram/Ingemar Karlsson、ハンガリー共和国大使館、SWAROVSKI OPTIK、Butrint Foundation、ポーランド大使館、グリーンピース出版会、青木進々氏、マケドニア旧ユーゴスラヴィア共和国名誉総領事館、Jean-Louis Delbende and www.senegal-online.com、Stacey Byers、Public Programs & Communications、Getty Conservation Institute、ガーナ大使館、Delegation Permanente du Niger aupres de l'UNESCO、シンバブエ大使館、南アフリカ大使館、南アフリカ観光局、ケベック州政府観光局、メキシコ大使館観光部、メキシコ政府観光局、キューバ大使館、コスタリカ政府観光省観光局、Venezuela Tuya/Hernan Rosas、エクアドル大使館、ボリビア大使館、ブラジル大使館、ブラジル連邦政府商工観光省観光局、ペルー大使館、Rajendra S Shirole、Nottingham Business School、青森県観光物産八重洲サービスセンター、山梨県観光課、古田陽久

〈監修者プロフィール〉

古田 陽久（ふるた　はるひさ／FURUTA Haruhisa）
シンクタンクせとうち総合研究機構　代表

1951年広島県呉市生まれ。1974年慶応義塾大学経済学部卒業。同年、日商岩井入社、海外総括部、情報新事業本部、総合プロジェクト室などを経て、1990年にシンクタンクせとうち総合研究機構を設立。埼玉県川口市街づくり論文最優秀賞、みんなで語ろう東京わたしの提言東京都知事賞、(財)都市緑化基金・読売新聞社主催第7回「緑の都市賞」建設大臣賞、毎日新聞社主催毎日郷土提言賞埼玉県優秀賞並びに広島県優秀賞などの受賞論文、論稿、講演多数。ロンドン、パリ、ヴァチカン、ローマ、ナポリ、ポンペイ、アムステルダム、ブリュッセル、アントワープ、ブリュージュ、ナミュール、ルクセンブルグ、ウィズバーデン、ケルン、フランクフルト、メッセル、シンガポール、クアラルンプール、ペナン、バンコク、香港、マカオ、北京、上海、杭州、蘇州、無錫、南京、ソウル、水原、慶州、シドニー、ブリスベン、ケアンズ、バンクーバー、カルガリー、バンフ、トロント、ニューヨーク、ワシントン、ボストン、ケンブリッジ、デトロイト、グアムなど海外の都市を取材などで歴訪。1998年9月に世界遺産研究センター（現　世界遺産総合研究センター）を2001年1月に21世紀総合研究所を設置（代表兼務）。

専門研究分野　社会動向、地域動向、社会システム、世界遺産研究、観光地理、環境教育、国際交流
講演　郵政省、人事院等の公務員研修、広島・岡山青年会議所合同例会、奈良県南和広域連合など実績多数。「21世紀のまちづくり」、「世界遺産の意義と地域振興」、「いま何故に世界遺産なのか」、「世界遺産から学ぶこと」、「中山間地域は生き残れるか？」ほか。
講座・セミナー　「世界遺産学のすすめ」、「地域資源（資産）を生かしたまちづくり」、「世界遺産講座」、「国際理解講座」（京都府長岡京市立中央公民館ほか）、「生涯学習講座」、「ふるさと講座」ほか
シンポジウム　「世界遺産シンポジウム　大峯奥駈道（大峯道）・熊野古道（小辺路）の世界遺産登録に向けて」（奈良県南和広域連合）記念講演「世界遺産の意義と地域振興」
ラジオ出演　FM富士「ON THE FREEWAY」(2001年8月19日放送)、RKB毎日放送「スタミナラジオ」(2000年6月5日放送)
論文　「四全総から五全総へ－環瀬戸内海地域からの一つの発想」（東京市政調査会）、『潮流』（朝日新聞）、"An Appeal for the Study of the World Heritage"「世界遺産学のすゝめ」（THE EAST　ほか）、"The World Heritage of UNESCO and A Guide to World Heritage Sites in Japan"（THE EAST）、「ユネスコ世界遺産と土木遺産」（土木学会誌　Vol.85,June 2000）など論稿、連載多数。
編著書　「世界遺産入門」、「都市の再生戦略」、「環瀬戸内からの発想」（共著）、「日本列島・21世紀への構図」（編著）、「全国47都道府県　誇れる郷土データ・ブック」、「環瀬戸内海エリア・データ・ブック」、「環日本海エリア・データ・ブック」、「日本の世界遺産ガイド」（共編）、「環日本海エリア・ガイド」、「誇れる郷土ガイド－東日本編－」、「誇れる郷土ガイド－西日本編－」、「日本ふるさと百科」、「誇れる郷土ガイド－口承・無形遺産編－」、「誇れる郷土ガイド－北海道・東北編－」、「世界遺産事典」、「世界遺産マップス2001改訂版」、「世界遺産フォトs」、「世界遺産Q&A」、「世界遺産ガイド－世界遺産条約編－」、「世界遺産ガイド－日本編－2001改訂版」、「世界遺産ガイド－アジア・太平洋編－」、「世界遺産ガイド－中東編－」、「世界遺産ガイド－西欧編－」、「世界遺産ガイド－北欧・東欧・CIS編－」、「世界遺産ガイド－アフリカ編－」、「世界遺産ガイド－アメリカ編－」、「世界遺産ガイド－自然遺産編－」、「世界遺産ガイド－文化遺産編－1.遺跡」、「世界遺産ガイド－文化遺産編－2.建造物」、「世界遺産ガイド－文化遺産編－3.モニュメント」、「世界遺産ガイド－複合遺産編－」、「世界遺産ガイド－都市・建築編－」、「世界遺産ガイド－産業・技術編－」、「世界遺産ガイド－名勝・景勝地編－」（監修）
調査研究　「世界遺産登録の意義と地域振興」、「富士山－世界遺産化への道－」、「四国遍路・世界遺産化可能性調査」、「摩周湖・世界遺産化可能性調査」、「都井岬周辺地域の世界遺産化可能性予備調査」、「友好姉妹都市候補調査」ほか
エッセイ　「世界遺産学のすすめ」、「富士山をユネスコ世界遺産に！」ほか

世界遺産Q&A －世界遺産の基礎知識－ 2001改訂版

2001年（平成13年）9月10日 初版 第1刷

監　　　修	古田　陽久
企画・構成	21世紀総合研究所
編　　　集	世界遺産総合研究センター
発　　　行	シンクタンクせとうち総合研究機構 ⓒ
	〒733-0844
	広島市西区井口台3丁目37番3-1110号
	☎&FAX　082-278-2701
	郵便振替　01340-0-30375
	電子メール　sri@orange.ocn.ne.jp
	インターネット　http://www.dango.ne.jp/sri/
	出版社コード　916208
印刷・製本	図書印刷株式会社

ⓒ本書の内容を複写、複製、引用、転載される場合には、必ず、事前にご連絡下さい。
Complied and Printed in Japan, 2001　ISBN4-916208-47-1 C1526 Y2000E

発行図書のご案内

世界遺産シリーズ

The World Heritage

世界遺産事典 －関連用語と全物件プロフィールー 2001改訂版
世界遺産研究センター編　ISBN4-916208-49-8　本体2000円　2001年8月

★㈳日本図書館協会選定図書　☆全国学校図書館協議会選定図書
世界遺産フォトス －写真で見るユネスコの世界遺産－
世界遺産研究センター編　ISBN4-916208-22-6　本体1905円　1999年8月

★㈳日本図書館協会選定図書
世界遺産入門 －地球と人類の至宝－
古田陽久　古田真美　共著　ISBN4-916208-12-9　本体1429円　1998年4月

★㈳日本図書館協会選定図書　☆全国学校図書館協議会選定図書
世界遺産マップス －地図で見るユネスコの世界遺産－ 2001改訂版
世界遺産研究センター編　ISBN4-916208-38-2　本体2000円　2001年1月

★㈳日本図書館協会選定図書
世界遺産Q&A －世界遺産化への道しるべ－
世界遺産研究センター編　ISBN4-916208-15-3　本体1905円　1998年10月

世界遺産ガイド　遺産種類別

★㈳日本図書館協会選定図書
世界遺産ガイド －自然遺産編－
世界遺産研究センター編　ISBN4-916208-20-X　本体1905円　1999年1月

★㈳日本図書館協会選定図書　☆全国学校図書館協議会選定図書
世界遺産ガイド －文化遺産編－　Ⅰ遺跡
世界遺産研究センター編　ISBN4-916208-32-3　本体2000円　2000年8月

★㈳日本図書館協会選定図書　☆全国学校図書館協議会選定図書
世界遺産ガイド －文化遺産編－　Ⅱ建造物
世界遺産研究センター編　ISBN4-916208-33-1　本体2000円　2000年9月

★㈳日本図書館協会選定図書　☆全国学校図書館協議会選定図書
世界遺産ガイド －文化遺産編－　Ⅲモニュメント
世界遺産研究センター編　ISBN4-916208-35-8　本体2000円　2000年10月

★㈳日本図書館協会選定図書　☆全国学校図書館協議会選定図書
世界遺産ガイド －複合遺産編－
世界遺産総合研究センター編　ISBN4-916208-43-9　本体2000円　2001年4月

世界遺産ガイド －危機遺産編－
世界遺産総合研究センター編　ISBN4-916208-45-5　本体2000円　2001年7月

世界遺産シリーズ

The World Heritage ★(社)日本図書館協会選定図書 ☆全国学校図書館協議会選定図書
世界遺産ガイド －世界遺産条約編－
世界遺産研究センター編　　ISBN4-916208-34-X　本体2000円　2000年7月

世界遺産ガイド　地域別

The World Heritage ★(社)日本図書館協会選定図書 ☆全国学校図書館協議会選定図書
世界遺産ガイド －日本編－　2001改訂版
世界遺産研究センター編　　ISBN4-916208-36-6　本体2000円　2001年1月

The World Heritage ★(社)日本図書館協会選定図書
世界遺産ガイド －アジア・太平洋編－
世界遺産研究センター編　　ISBN4-916208-19-6　本体1905円　1999年3月

The World Heritage ★(社)日本図書館協会選定図書 ☆全国学校図書館協議会選定図書
世界遺産ガイド －中東編－
世界遺産研究センター編　　ISBN4-916208-30-7　本体2000円　2000年7月

The World Heritage ★(社)日本図書館協会選定図書 ☆全国学校図書館協議会選定図書
世界遺産ガイド －西欧編－
世界遺産研究センター編　　ISBN4-916208-29-3　本体2000円　2000年4月

The World Heritage ★(社)日本図書館協会選定図書 ☆全国学校図書館協議会選定図書
世界遺産ガイド －北欧・東欧・ＣＩＳ編－
世界遺産研究センター編　　ISBN4-916208-28-5　本体2000円　2000年4月

The World Heritage ★(社)日本図書館協会選定図書 ☆全国学校図書館協議会選定図書
世界遺産ガイド －アフリカ編－
世界遺産研究センター編　　ISBN4-916208-27-7　本体2000円　2000年3月

The World Heritage ★(社)日本図書館協会選定図書
世界遺産ガイド －アメリカ編－
世界遺産研究センター編　　ISBN4-916208-21-8　本体1905円　1999年6月

世界遺産ガイド　テーマ別

The World Heritage ★(社)日本図書館協会選定図書 ☆全国学校図書館協議会選定図書
世界遺産ガイド －都市・建築編－
世界遺産研究センター編　　ISBN4-916208-39-0　本体2000円　2001年2月

The World Heritage ★(社)日本図書館協会選定図書 ☆全国学校図書館協議会選定図書
世界遺産ガイド －産業・技術編－
世界遺産研究センター編　　ISBN4-916208-40-4　本体2000円　2001年3月

The World Heritage ★(社)日本図書館協会選定図書
世界遺産ガイド －名勝・景勝地編－
世界遺産研究センター編　　ISBN4-916208-41-2　本体2000円　2001年3月

世界遺産シリーズ

世界遺産データ・ブック

The World Heritage ★㈳日本図書館協会選定図書 ☆全国学校図書館協議会選定図書
世界遺産データ・ブック －2001年版－
世界遺産研究センター編　　ISBN4-916208-37-4　本体2000円　2001年1月

The World Heritage ★㈳日本図書館協会選定図書 ☆全国学校図書館協議会選定図書
世界遺産データ・ブック －2000年版－
世界遺産研究センター編　　ISBN4-916208-26-9　本体2000円　2000年1月

The World Heritage ★㈳日本図書館協会選定図書 ☆全国学校図書館協議会選定図書
世界遺産データ・ブック －1999年版－
世界遺産研究センター編　　ISBN4-916208-18-8　本体1905円　1999年1月

The World Heritage ★㈳日本図書館協会選定図書 ☆全国学校図書館協議会選定図書
世界遺産データ・ブック －1998年版－
シンクタンクせとうち総合研究機構編　ISBN4-916208-13-7　本体1429円　1998年2月

The World Heritage ★㈳日本図書館協会選定図書 ☆全国学校図書館協議会選定図書
世界遺産データ・ブック －1997年版－
シンクタンクせとうち総合研究機構編　ISBN4-9900145-8-8　本体1456円　1996年12月

The World Heritage ★㈳日本図書館協会選定図書 ☆全国学校図書館協議会選定図書
世界遺産データ・ブック －1995年版－
河野祥宣編著　　ISBN4-9900145-5-3　本体2427円　1995年11月

日本の世界遺産

The World Heritage ★㈳日本図書館協会選定図書 ☆全国学校図書館協議会選定図書
世界遺産ガイド －日本編－　2001改訂版
世界遺産研究センター編　　ISBN4-916208-36-6　本体2000円　2001年1月

The World Heritage ★㈳日本図書館協会選定図書 ☆全国学校図書館協議会選定図書
世界遺産ガイド －日本編－
世界遺産研究センター編　　ISBN4-916208-17-X　本体1905円　1999年1月

The World Heritage ★㈳日本図書館協会選定図書 ☆全国学校図書館協議会選定図書
日本の世界遺産ガイド －1997年版－
シンクタンクせとうち総合研究機構編　ISBN4-9900145-9-6　本体1262円　1997年3月

ふるさとシリーズ

☆全国学校図書館協議会選定図書
誇れる郷土ガイド　−東日本編−
シンクタンクせとうち総合研究機構編　ISBN4-916208-24-2　本体1905円　1999年12月

☆全国学校図書館協議会選定図書
誇れる郷土ガイド　−西日本編−
シンクタンクせとうち総合研究機構編　ISBN4-916208-25-0　本体1905円　2000年1月

環日本海エリア・ガイド
シンクタンクせとうち総合研究機構編　ISBN4-916208-31-5　本体2000円　2000年6月

西日本2府15県　　★㈳日本図書館協会選定図書
環瀬戸内海エリア・データブック
シンクタンクせとうち総合研究機構編　ISBN4-9900145-7-X　本体1456円　1996年10月

誇れる郷土データ・ブック　−1996〜97年版−
シンクタンクせとうち総合研究機構編　ISBN4-9900145-6-1　本体1262円　1996年6月

日本ふるさと百科　−データで見るわたしたちの郷土−
シンクタンクせとうち総合研究機構編　ISBN4-916208-11-0　本体1429円　1997年12月

スーパー情報源　−就職・起業・独立編−
シンクタンクせとうち総合研究機構編　ISBN4-916208-16-1　本体1500円　1998年8月

誇れる郷土ガイド　−口承・無形遺産編−
シンクタンクせとうち総合研究機構編　ISBN4-916208-44-7　本体2000円　2001年6月

誇れる郷土ガイド　−北海道・東北編−
シンクタンクせとうち総合研究機構編　ISBN4-916208-42-0　本体2000円　2001年5月

| 以下続刊予定 | シンクタンクせとうち総合研究機構編　本体各2000円 |

誇れる郷土ガイド　−関東編−
誇れる郷土ガイド　−中部編−
誇れる郷土ガイド　−近畿編−
誇れる郷土ガイド　−中国・四国編−
誇れる郷土ガイド　−九州・沖縄編−

地球と人類の21世紀に貢献する総合データバンク
シンクタンクせとうち総合研究機構

事務局　〒733−0844　広島市西区井口台三丁目37番3−1110号
書籍のご注文専用ファックス☎082−278−2701　電子メールsri@orange.ocn.ne.jp
※シリーズや年度版の定期予約は、当シンクタンク事務局迄お申し込み下さい。